C_{18}-二萜生物碱

周先礼　高　峰　著

科学出版社

北　京

内 容 简 介

本书系统总结了二萜生物碱以及 C_{18}-二萜生物碱的结构类型、生源关系、分布特点、药理活性、结构修饰、毒理研究等内容，并全面收集了迄今报道的 110 个天然 C_{18}-二萜生物碱名称、分子式、植物来源以及碳、氢核磁数据。本书是二萜生物碱系列书的分册之一，适合天然产物化学、天然药物化学、医药学、植物学、波谱分析等领域的科研和专业技术人员参考。

图书在版编目（CIP）数据

C_{18}-二萜生物碱 / 周先礼，高峰著. —北京：科学出版社，2020.4
ISBN 978-7-03-062741-4

Ⅰ. ①C… Ⅱ. ①周… ②高… Ⅲ. ①二萜烯生物碱 Ⅳ. ①Q946.88

中国版本图书馆 CIP 数据核字（2019）第 245592 号

责任编辑：华宗琪 / 责任校对：彭珍珍
责任印制：罗 科 / 封面设计：墨创文化

科 学 出 版 社 出版

北京东黄城根北街 16 号
邮政编码：100717
http://www.sciencep.com

四川煤田地质制图印刷厂印刷
科学出版社发行 各地新华书店经销

*

2020 年 4 月第 一 版 开本：B5（720×1000）
2020 年 4 月第一次印刷 印张：9 1/4
字数：186 000

定价：99.00 元
（如有印装质量问题，我社负责调换）

序

自 1833 年盖革（P. L. Geiger）从欧乌头（*Aconitum napellus* L.）中分离出乌头碱以来，二萜生物碱的化学研究已有 180 多年。迄今为止，被报道的二萜生物碱已逾 1500 个。早期二萜生物碱的研究主要集中于提取分离与结构测定方面。随着大量新结构和许多有显著生理活性的二萜生物碱的发现，该类生物碱成为天然有机化学的重要研究领域之一。

20 世纪 80 年代以前，二萜生物碱化学的研究，主要集中于北美［雅可布（W. A. Jacobs）、马里恩（L. Marion）、爱德华兹（O. E. Edwards）、威斯纳尔（K. Wiesner）、杰拉西（C. Djerassi）、派勒蒂尔（S. W. Pelletier）、本恩（M. H. Benn）］、日本（杉野目晴贞、落合英二、坂井进一郎）和苏联［尤努索夫父子（S. Yu. Yunusov，M. S. Yunusov）］。自后，研究的中心则逐渐转移到美国［派勒蒂尔（S. W. Pelletier）］和中国。在我国，首先是朱任宏（50 年代），后来是周俊、梁晓天、陈耀祖等先后开展国产草乌中二萜生物碱化学的研究。此外，郝小江实验室对蔷薇科绣线菊属（*Spiraea* spp.）植物中 C_{20}-二萜生物碱也作了持久而深入的研究。

数十年来围绕着二萜生物碱的植化、谱学、合成、生物活性等方面作了大量的研究工作。近来年，研究的重点又更多地侧重于活性和全合成方面。

在二萜生物碱研究的专著方面，除了我们 2010 年编写出版的单卷本《C_{19}-二萜生物碱》（"The Alkaloids：Chemistry and Biology"，Vol. 69，G. A. Cordell，Eds.，Elsevier Press）外，其余多以单章形式，收载在 Manske 和 Pelletier 两个权威系列的生物碱丛书中。但是，中文版的二萜生物碱研究方面的专著至今尚未看到。考虑到二萜生物碱的重要性以及发展现状与趋势，周先礼和高峰两位教授合作编著了二萜生物碱系列书。无疑该书的出版将为我国广大从事生物碱化学和天然有机化学研究的科研人员提供重要参考。

在结构上，该丛书按照此类生物碱的结构类型，分别撰写为《C_{18}-二萜生物碱》、《C_{19}-二萜生物碱》和《C_{20}-二萜生物碱》三部。每部比较系统地归纳总结了各类二萜生物碱的生源途径、来源分布、结构类型、代表性化合物、结构修饰、半合成与全合成、药理作用以及波谱特征等。该书涉及面较广，内容翔实，结构严谨。此外，著者对此类化合物的研究与积累有十多年之久。

该书对于从事生物碱化学、植物化学、中药化学、天然药物化学与天然有机化学等方面研究的研究生、科研人员来说，都是一本很值得推荐的参考书。

王锋鹏

成都华西坝

2019 年 12 月

前　言

　　生物碱是一类含氮的天然有机化合物。二萜生物碱是生物碱家族中结构最为复杂的一类天然产物，具有四环二萜或五环二萜氨基化而形成的杂环体系。该类化合物具有广泛的药用价值，尤其在镇痛、抗炎、抗心衰以及抗心律失常等方面表现出显著的药理作用。根据其生源途径，二萜生物碱主要分为四个大的结构类型，即 C_{18}-二萜生物碱、C_{19}-二萜生物碱、C_{20}-二萜生物碱和双二萜生物碱。随着天然有机化学的不断发展，近年来结构新颖、活性显著的 C_{18}-二萜生物碱化合物不断被发现。在天然有机化学的研究过程中，碳、氢核磁共振波谱的应用在结构解析方面发挥了最为重要的作用，已经成为首要的方法。

　　本书共分为 2 章。第 1 章绪论部分简述了二萜生物碱以及 C_{18}-二萜生物碱的结构类型、生源关系、分布特点、药理活性、结构修饰、毒理研究、核磁共振谱特征等内容；第 2 章共收录了迄今报道的 110 个天然 C_{18}-二萜生物碱的结构式、分子式、植物来源以及碳、氢核磁数据。

　　由于编者水平有限，不免有疏漏或不当之处，诚恳地希望读者批评指正，以便改进。

周先礼　高　峰

2019 年 7 月于成都

目 录

第1章 绪　　论

1.1　二萜生物碱的概述

　　二萜生物碱（diterpenoid alkaloid）是一类结构复杂的多环含氮天然产物，也是生物碱中结构类型最为复杂的一类化合物。迄今为止，报道的天然二萜生物碱已超 1500 个。20 世纪 80 年代以前，对二萜生物碱的研究主要集中在北美、日本和苏联。80 年代后，主要集中于北美和中国。国外研究二萜生物碱的学者主要有 L. Marion、M. H. Benn、S. W. Pelletier、S. Yu. Yunusov、坂井进一郎等。在我国，梁晓天、周俊、王锋鹏、郝小江等学者对国产草乌中的二萜生物碱的植化、谱学、结构修饰、合成及生物活性等方面研究作出了杰出的贡献。二萜生物碱作为一类具有极高药用价值的特征性化合物，主要来源于毛茛科（Ranunculaceae）乌头属（*Aconitum*）、翠雀属（*Delphinium*）和飞燕草属（*Consolida*）植物，是这几属植物的主要活性成分。我国药用的草乌类植物多达 70 余种，如川乌、附子、关白附、雪上一枝蒿等。草乌植物作为传统中药材在我国的应用历史十分悠久，如在《神农本草经》中便有附子（*Aconitum carmichaelii* Debx.）的相关记载。乌头属植物作为具有地方特色的植物药，在少数民族医药中也常有应用。《实用蒙药学》中对北乌头有这样的记载："用于温性方剂有温热之功"。另有《无误蒙药鉴》中记载，紫花高乌头的全草可入蒙药（蒙药名为宝日-泵嘎），具有止咳清肺的功效。在藏医药学中，《四部医典》记载了"榜嘎"（乌头属植物）可治疗传染病、食物中毒、胆热病等。由此可见，乌头属植物在民族医药中有广泛的应用。目前，已有 4 种二萜生物碱被开发成药，成功应用于临床。高乌甲素（lappaconitine，**1**）、3-乙酰乌头碱（3-acetylaconitine，**2**）为非成瘾性镇痛药，关附甲素（Guan-fu base A，**3**）为具有 K^+ 和 Ca^{2+} 多离子通道阻滞作用的抗心律失常药物，草乌甲素（bulleyaconitine A，**4**）同时具有非成瘾性镇痛和抗心律失常等多种作用（图 1.1）。近年来，王锋鹏教授从附子中发现的中乌宁碱（mesaconine，**5**）表现出极强的强心与抗心衰作用，为附子强心活性成分，目前该药物正在进行临床前研究。此外，周先礼教授从空茎乌头中发现的空乌宁甲（apetalunine A，**6**），是具有显著神经保护活性、极低毒性并且含有极其特殊的连二邻氨基苯甲酰胺侧链结构的 C_{19}-二萜生物碱。初步的作用机制研究表明，空乌宁甲的神经保护作用是通过抑制乙酰胆碱酯酶的活力并诱导保护性自噬来实现的，且保护性自噬可能是其毒性低的主要原因。该化合物有望被开发成为高效、低毒的抗阿尔茨海默病候选药物。

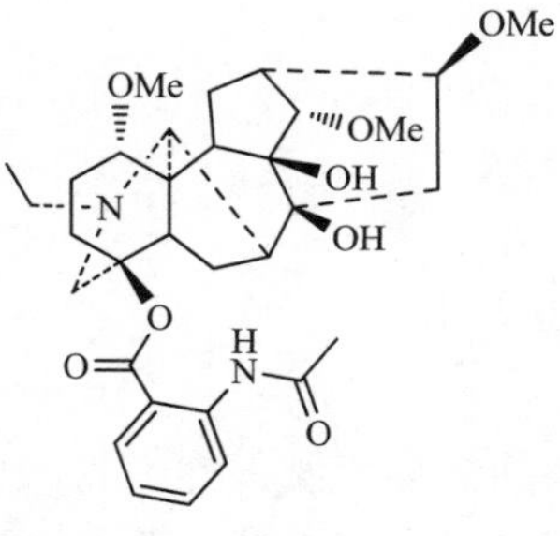

图 1.1 代表性二萜生物碱 **1～6** 的结构

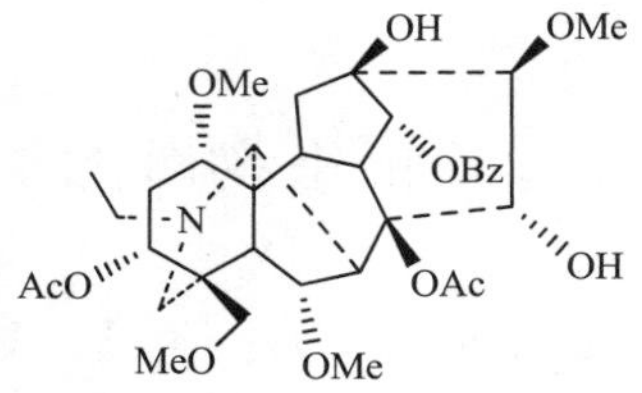

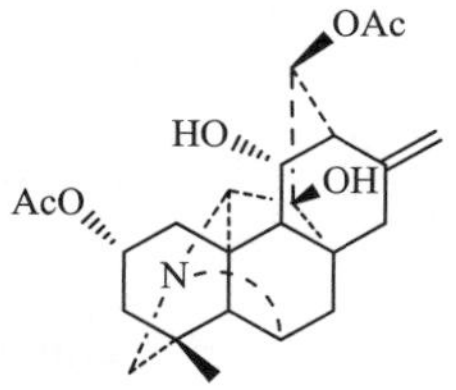

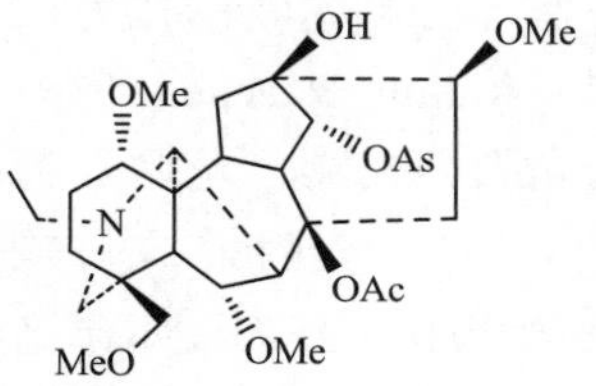

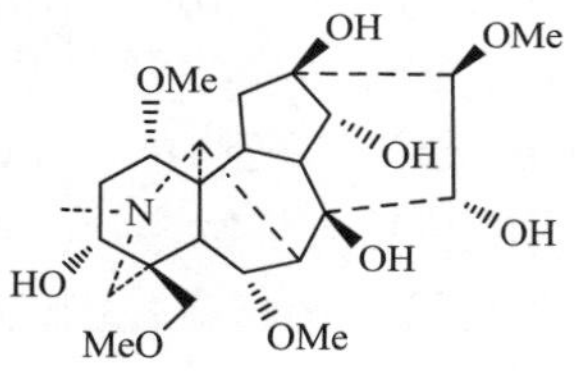

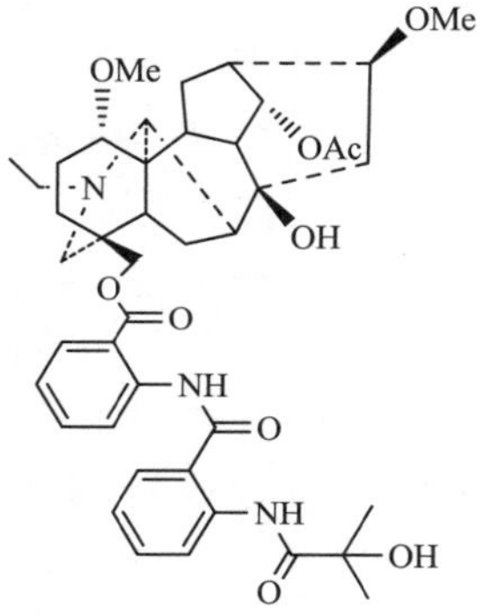

1.1.1 结构类型

二萜生物碱是由四环二萜[对映贝壳杉烷（entkaurane）]或五环二萜[乌头烷（aconane）]氨基化而形成的含有 β-氨基乙醇、甲胺、乙胺氮原子的杂环体系，其分类体系随着研究的深入而不断变化。首先，S. W. Pelletier 和 M. V. Mody（1979，1981）提出了将二萜生物碱分为 C$_{19}$-和 C$_{20}$-两大类，其中 C$_{19}$-二萜生物碱包括乌头碱型（aconitine type）、牛扁碱型（lycoctonine type）和内酯型（lactone type），C$_{20}$-二萜生物碱包括维特钦型（veatchine type）、阿替生型（atisine type）和双二萜生物碱型（bisditerpenoid type）。王锋鹏和方起程（1983）将 C$_{18}$-二萜生物碱从 C$_{19}$-二萜生物碱中划分出来，并将 C$_{20}$-二萜生物碱细分为阿替生型（atisine type）、光翠雀碱型（denudatine type）、海替定型（hetidine type）、海替生型（hetisine type）、维特钦型（veatchine type）、纳哌啉型（napelline type）、阿诺特啉型（anopterine type）和德尔鲁定型（delnudine type）。1995 年，M. M. Sultankhodzhaev 和 A. A. Nishanova

提出将双二萜生物碱单独分类。王锋鹏和梁晓天（2002）从 C_{19}-二萜生物碱中划分出了 7, 17-次裂型和重排型。Y. Ichinohe 等（2002）根据结构特征，将 C_{18}-二萜生物碱划分为高乌宁碱型（lappaconine type）和冉乌宁碱型（ranaconine type）。二萜生物碱的主要结构类型分类如图 1.2 所示，共分为四大类：C_{18}-二萜生物碱、C_{19}-二萜生物碱、C_{20}-二萜生物碱和双二萜生物碱。

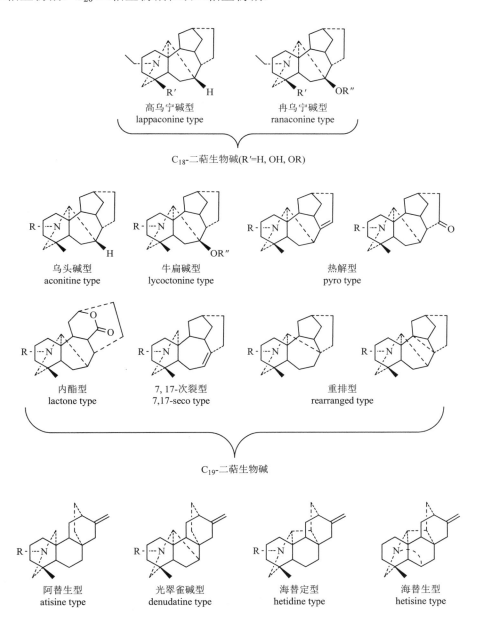

高乌宁碱型
lappaconine type

冉乌宁碱型
ranaconine type

C_{18}-二萜生物碱(R′=H, OH, OR)

乌头碱型
aconitine type

牛扁碱型
lycoctonine type

热解型
pyro type

内酯型
lactone type

7, 17-次裂型
7,17-seco type

重排型
rearranged type

C_{19}-二萜生物碱

阿替生型
atisine type

光翠雀碱型
denudatine type

海替定型
hetidine type

海替生型
hetisine type

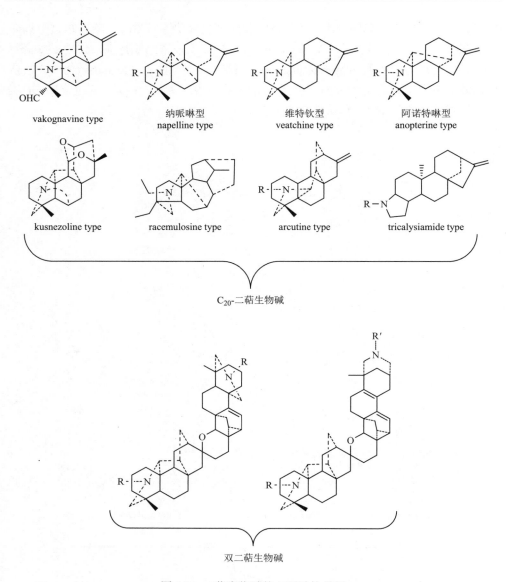

图 1.2　二萜生物碱的主要结构类型

1.1.2　生源关系

1978 年，Y. Ichinohe 首先讨论了二萜生物碱的生源关系。2006 年，肖培根等对二萜生物碱的生源途径进行了系统的总结和归纳。利用牻牛儿基牻牛儿焦磷酸酯（GGPP）环合成 ent-copalyl diphosphate 后，经一系列生物合成步骤生成二萜阿替烷类（atisanes）和贝壳杉烷类（kauranes），再经过氨基化分别形成阿替生型和维特钦型等 C_{20}-二萜生物碱，再衍生成其他类型的二萜生物碱（图 1.3）。

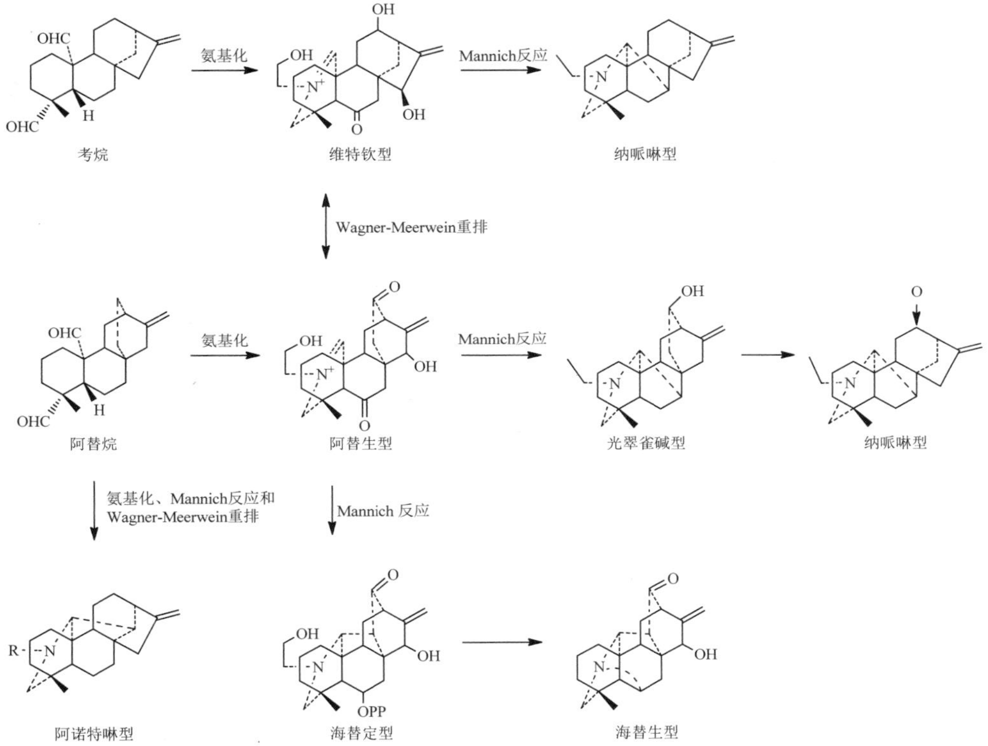

图 1.3　C_{20}-二萜生物碱之间的生源关系

　　图 1.4 为阿替生型、光翠雀碱型、纳哌啉型 C_{20}-二萜生物碱和乌头碱型 C_{19}-二萜生物碱以及高乌宁碱型 C_{18}-二萜生物碱之间的生源关系。在生物合成途径中，从 C_{20}-二萜生物碱到乌头碱型 C_{19}-二萜生物碱的生物转化主要是通过光翠雀碱型和纳哌啉型这两个途径完成。而另外一个阿替生型途径则处于次要地位。

　　由于牛扁碱型二萜生物碱主要分布于翠雀属植物中，而阿加可宁也只存在于翠雀属植物中，未见从乌头属植物中分离出该结构类型化合物，故肖培根等（2006）认为阿加可宁很可能是翠雀属植物中牛扁碱型二萜生物碱最重要的前体化合物。C_{20}-阿替生型、C_{19}-牛扁碱型和 C_{18}-冉乌宁碱型二萜生物碱之间的生源关系如图 1.5 所示。

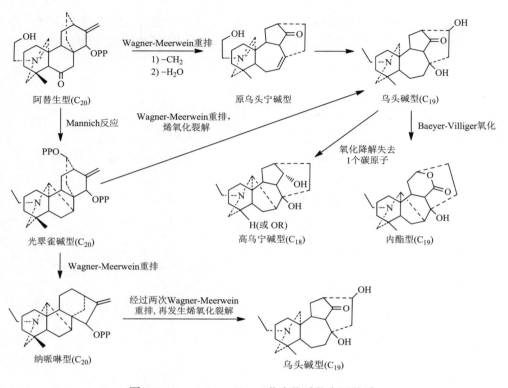

图 1.4 C₁₈-、C₁₉-、C₂₀-二萜生物碱的生源关系

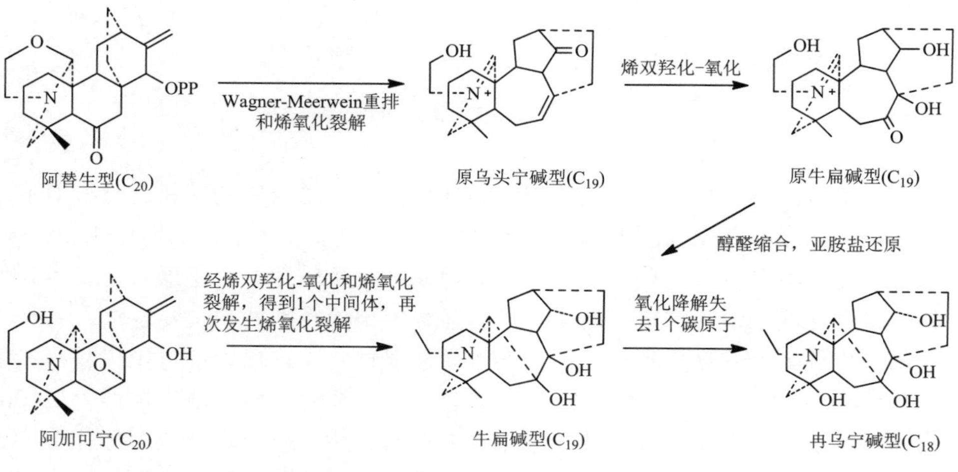

图 1.5 C₂₀-阿替生型、C₁₉-牛扁碱型和 C₁₈-冉乌宁碱型二萜生物碱之间的生源关系

1.2　C_{18}-二萜生物碱

C_{18}-二萜生物碱在数量上比 C_{19}-二萜生物碱和 C_{20}-二萜生物碱少，已报道的天然 C_{18}-二萜生物碱有 110 个，绝大部分来源于乌头属植物。从生源关系上看，C_{18}-二萜生物碱可看作由 C_{19}-二萜生物碱氧化降解而来，在进化程度上比 C_{19}-二萜生物碱更高级一些。C_{18}-二萜生物碱与 C_{19}-二萜生物碱最大的区别在于其无 C(18)，而多具有 C(4)-H 或 C(4)-OH（酯基）取代结构，少数化合物含有 3,4-环氧取代。根据 C(7)位上是否存在含氧基团可将 C_{18}-二萜生物碱分为高乌宁碱型（A1）和冉乌宁碱型（A2）两类，再根据 C(4)位连接基团的不同又可将其分为 aconosine 亚型（Ⅰ）、lappaconine 亚型（Ⅱ）、leuconine 亚型（Ⅲ）和 ranaconine 亚型（Ⅳ）（图 1.6）。随着研究的不断深入，结构较为新颖的 C_{18}-二萜生物碱也不断被发现，如 puberudine、puberunine 等化合物是近几年从乌头属植物中发现的 C_{18}-新骨架结构。

C_{18}-二萜生物碱具有广泛而显著的生物活性和药用价值，主要具有镇痛、抗心律失常、抗肿瘤、抗炎等药理活性，如高乌甲素已被开发作为非成瘾性镇痛药应用于临床。为了使读者全面了解 C_{18}-二萜生物碱，下面对 C_{18}-二萜生物碱的结构特征、分布特点、药理活性、结构修饰、毒理研究、核磁共振谱特征等内容进行简要总结。

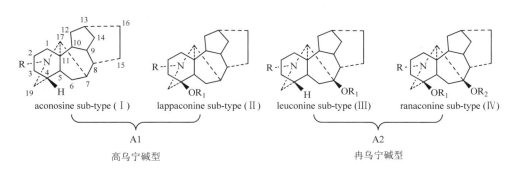

图 1.6　C_{18}-二萜生物碱分类

1.2.1　结构特征及分布特点

1. 结构特征

截至 2018 年 12 月，报道的二萜生物碱已超过 1500 个，天然存在的 C_{18}-二萜生物碱有 110 个，包括 A1 型 54 个[26 个 I 型、27 个 II 型和 1 个含有 C(4)-Cl]、A2型 53 个（24 个 III 型和 29 个 IV 型）和 3 个新骨架化合物。

1）新骨架 C_{18}-二萜生物碱

Puberudine（**7**）和 puberunine（**8**）（Mu Z Q et al.，2012）来源于乌头属植物 *Aconitum barbatum* var. *puberulum*，两者是分别在原骨架基础上进行开环和环重排而得到的结构新颖的 C_{18}-二萜生物碱（图 1.7）。Puberudine（**7**）的 C(1)—C(2)键发生断裂，形成了 C(1)—CHO 和 C(2)＝C(3)双键，从而具有开环 A 环。Puberunine（**8**）的 C(4)位氧化为酮羰基，C(19)—C(4)键经过重排变为 C(19)—C(3)键，具有重排 E 环。另外，Q. Zhang 等（2017）从 *Aconitum sinomontanum* 分离得到的化合物 sinomontadine（**9**）为具有罕见七元 A 环的 C_{18}-二萜生物碱。

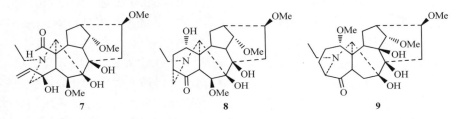

图 1.7　化合物 **7**～**9** 的结构

2）结构新颖的 C_{18}-二萜生物碱

二萜生物碱主要由碳、氢、氧、氮原子组成，卤素取代在天然二萜生物碱中较为少见。Sinomontanine N（**10**）（Zhang Q et al.，2017）和 puberumine C（**11**）（Mu Z Q et al.，2012）是分别从乌头属植物 *Aconitum sinomontanum* 和 *Aconitum barbatum* var. *puberulum* 中分离得到的 C_{18}-二萜生物碱，C(4)和 C(3)位上的氢原子分别被氯原子取代（图 1.8）。

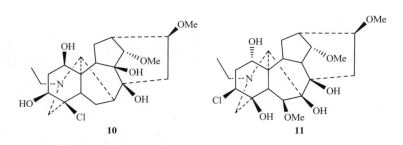

图 1.8　化合物 **10** 和 **11** 的结构

二萜生物碱的取代基构型有一定的规律性。大部分 C_{18}-二萜生物碱类化合物

C(6)位的含氧取代基为 β 构型,仅少数为 α 构型,如从吉林乌头(*Aconitum kirinense Nakai*)中分离得到的化合物 kirimine(**12**)和 kiritine(**13**)(Feng F and Liu J H,1994),C(6)位上的甲氧基为 α 构型(图 1.9)。

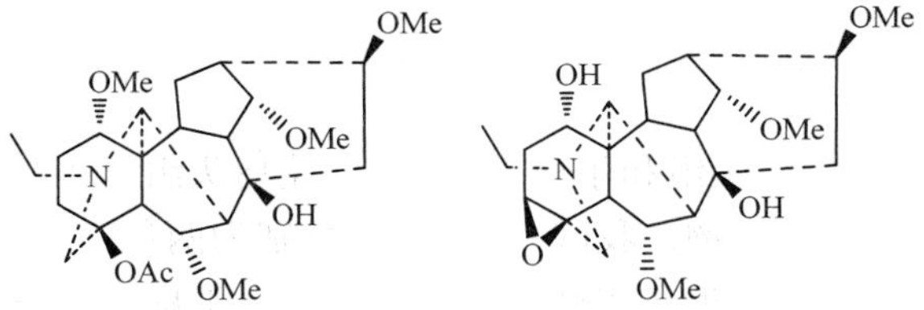

图 1.9 化合物 **12** 和 **13** 的结构

C_{18}-二萜生物碱大多具有 4-邻氨基苯甲酸酯基或其衍生物,羟基、甲氧基、乙酰基和苯甲酰基等常见的取代基团。少部分 C_{18}-二萜生物碱含有 3,4-环氧取代,目前天然存在的含 3,4-环氧取代的 C_{18}-二萜生物碱共 14 个。其中 akirine(**14**)(Nishanov A A et al.,1992)和 lineariline(**15**)(Kolak U et al.,2006)分别为罕见的具有 9,14-亚甲二氧基和 7-过氧基的二萜生物碱(图 1.10)。

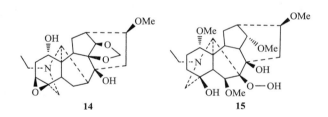

图 1.10 化合物 **14** 和 **15** 的结构

2. 分布特点

通常认为,骨架的环系复杂程度越高,含氧取代越多,则在进化程度上越高级。因此,C_{19}-二萜生物碱比 C_{20}-二萜生物碱更高级。C_{18}-二萜生物碱由 C_{19}-二萜生物碱氧化降解而来,是二萜生物碱中进化程度最高的结构类型,其具有的植物化学分类学意义不容忽视。据统计,目前存在的 100 余个 C_{18}-二萜生物碱主要来自乌头属植物,翠雀属植物次之。

1)乌头属

世界上的乌头属植物约有 350 种,主要分布于亚洲,其次在欧洲和北美洲。我国约有 167 种,大多数分布在云南北部、四川西部、西藏东部、新疆和东北等地。

　　根据主要形态性状等特征，我国乌头属植物分为牛扁亚属、乌头亚属和露蕊乌头亚属。牛扁亚属是以 C_{18}-二萜生物碱和牛扁碱型 C_{19}-二萜生物碱为主的类群。乌头亚属中 C_{18}-二萜生物碱和 C_{20}-二萜生物碱相对较少，乌头碱型 C_{19}-二萜生物碱居多。露蕊乌头亚属主要含 C_{19}-二萜生物碱，暂未见对 C_{18}-二萜生物碱化学成分研究的报道。

　　a. 牛扁亚属

　　牛扁亚属包括独花乌头组和牛扁乌头组。独花乌头组仅含独花乌头一种植物。牛扁乌头组约包含 40 种植物，我国有 18 种，分别为两色乌头（变种直立两色乌头）、空茎乌头、细叶黄乌头（变种西伯利亚乌头、牛扁）、短距乌头（变种弯短距乌头）、黔川乌头（变种聚叶黔川乌头）、黄毛乌头、粗花乌头、紫花高乌头、赣皖乌头、吉林乌头（变种毛果吉林乌头）、白喉乌头（变种河北白喉乌头）、高帽乌头、山地乌头、展喙乌头、花葶乌头（变种等叶花葶乌头、聚叶花葶乌头）、高乌头（变种毛果高乌头、狭盔高乌头）、草地乌头和滇川乌头。表 1.1 列出了我国乌头属牛扁亚属植物中的 C_{18}-二萜生物碱成分。

表 1.1　我国乌头属牛扁亚属植物中的 C_{18}-二萜生物碱成分

分类群	数量	化合物名称
牛扁（*Aconitum barbatum* var. *puberulum*）	10 个	puberumine A
		puberumine B
		puberumine C
		puberumine D
		puberudine
		puberunine
		N-deacetylranaconitine
		lappaconitine
		ranaconitine
		puberanine
西伯利亚乌头（*Aconitum barbatum* var. *hispidum*）	2 个	hispaconitine
		tuguaconitine
赣皖乌头（*Aconitum finetianum* Hand-Mazz）	9 个	deoxylappaconitine
		finaconitine
		isolappaconitine
		N-deacetyllappaconitine
		N-deacetylfinaconitine
		N-deacetylranaconitine
		lappaconitine

分类群	数量	化合物名称
赣皖乌头（*Aconitum finetianum* Hand-Mazz）	9 个	ranaconitine
		delphicrispuline
吉林乌头（*Aconitum kirinense* Nakai）	12 个	8-acetylexcelsine
		akirane
		akirine
		akiradine
		akiramidine
		akiramine
		akiranine
		excelsine
		kirimine
		kiritine
		kirinenine A
		tuguaconitine
白喉乌头（*Aconitum leucostomum* Worosch）	8 个	leucostine
		leuconine
		leucostonine
		lappaconine
		lappaconitine
		sepaconitine
		N-acetylsepaconitine
		N-deacetyllappaconitine
山地乌头（*Aconitum monticola*）	3 个	dihydromonticamine
		monticamine
		monticoline
高乌头（*Aconitum sinomontanum* Nakai）	17 个	sinaconitine A
		sinaconitine B
		sinomontanine N
		lappaconitine
		lappaconine
		lappaconidine
		sinomontanine E
		sinomontanine D
		sinomontanine F

分类群	数量	化合物名称
高乌头（*Aconitum sinomontanum* Nakai）	17 个	sinomontanine G
		sinomontanine H
		sinomontadine
		N-deacetyllappaconitine
		N-deacetylranaconitine
		8-*O*-acetylexcelsine
		excelsine
		ranaconitine
草地乌头[*Aconitum umbrosum*（Korsh.）Kom]	2 个	6-acetylumbrofine
		umbrofine
紫花高乌头（*Aconitum excelsum* Reichb）	14 个	1α,6,16-三甲氧基-4,7,8,9,14α-五羟基-*N*-乙基乌头烷
		lappaconidine
		lappaconine
		lappaconitine
		sepaconitine
		leucostine
		6-*O*-acetylacosepticine
		septefine
		N-deacetyllappaconitine
		N-deacetylranaconitine
		ranaconitine
		leuconine
		4-anthranoyllapaconidine
		acoseptrine
聚叶花葶乌头（*Aconitum scaposum* var. *vaginatum*）	1 个	vaginatunine C

b. 乌头亚属

世界上的乌头亚属植物共分为 3 组，我国有 2 组，为多果乌头组和乌头组。我国多果乌头组仅包含产自云南碧江的多果乌头一个种。乌头组可划分为 11 个系，即兴安乌头系、短柄乌头系、褐紫乌头系、保山乌头系、准噶尔乌头系、乌头系、岩乌头系、圆叶乌头系、显柱乌头系、甘青乌头系和蔓乌头系，共包含 146 个种，主要分布于云南、四川和西藏等地。表 1.2 为我国乌头属乌头亚属植物中的 C$_{18}$-二萜生物碱成分。

表 1.2 我国乌头属乌头亚属植物中的 C_{18}-二萜生物碱成分

分类群	数量	化合物名称
显柱乌头系（Ser. _Stylosa_ W. T. Wang）		
丽江乌头（_Aconitum forrestii_ Stapf）	3 个	aconosine
		liconosine A
		dolaconine
苍山乌头（_Aconitum contortum_）	5 个	contortumine
		episcopalisine
		aconosine
		delavaconitine
		delavaconitine C
滇西乌头（_Aconitum bulleyanum_ Diels）	1 个	lappaconitine
蔓乌头系（Ser. _Volubilia_ Steinb）		
黄草乌（_Aconitum vilmorinianum_ Kom）	1 个	vilmorine D
玉龙乌头（_Aconitum stapfianum_ Hand-Mazz）	1 个	8-deoxy-14-dehydroaconosine
拟玉龙乌头（_Aconitum pseudostapfianum_）	1 个	aconosine
紫乌头（_Aconitum episcopale_ Levl）	4 个	scopaline
		episcopalisine
		episcopalisinine
		episcopalitine
弯喙乌头（_Aconitum campylorrhynchum_ Hand-Mazz）	3 个	8-acetyldolaconine
		aconosine
		dolaconine
兴安乌头系（Ser. _Ambigua_ Steinb）		
马耳山乌头（_Aconitum delavayi_ Franch）	7 个	delavaconitine
		delavaconine
		delavaconitine C
		delavaconitine D
		delavaconitine E
		delavaconitine F
		delavaconitine G
中甸乌头（_Aconitum piepunense_）	2 个	piepunendine A
		piepunendine B
乌头系（Ser. _Inflata_ Steinb）		
薄叶乌头（_Aconitum fischeri_ Reichb）	1 个	aconosine
敦化乌头（_Aconitum dunhuaense_ S. H. Li）	1 个	aconosine

c. 国外的乌头属植物

除上述分布在我国乌头属中的 C$_{18}$-二萜生物碱外，还有研究报道了一些分布在国外的乌头属植物中的 C$_{18}$-二萜生物碱成分（表 1.3）。

表 1.3　国外乌头属植物中的 C$_{18}$-二萜生物碱成分

植物名	数量	化合物名称
Aconitum lamarckii Reichenb	1 个	lamarckinine
Aconitum orientale	1 个	demethyllappaconitine
Aconitum ranunculaefolium	1 个	ranaconitine
Aconitum toxicum	1 个	acotoxicine
Aconitum weixiense	4 个	weisaconitine A
		weisaconitine B
		weisaconitine C
		weisaconitine D
Aconitum septentrionale Koelle	15 个	septefine
		4-anthranoyllapaconidine
		lapaconidine
		lappaconine
		sepaconitine
		6-*O*-acetylacosepticine
		acoseptrine
		oxolappaconine
		umbrophine
		leuconine
		ranaconitine
		N-deacetylranaconitine
		N-deacetyllappaconitine
		lappaconitine
		leucostine

2）翠雀属

翠雀属植物共有 300 多种，主要分布在北温带地区。按照《中国植物志》记载，我国的翠雀属分为 3 亚属 5 组共计 113 种。3 亚属分别为翠雀亚属（亚属 1）、三出翠雀花亚属（亚属 2）、还亮草亚属（亚属 3）。其中后两个亚属各包含 1 个种，大多数植物均属于翠雀亚属（亚属 1）。C$_{18}$-二萜生物碱在翠雀亚属（亚属 1）中分布极少，仅在川黔翠雀花（*Delphinium bonvalotii* Franch）和天台山翠雀花

（*Delphinium tiantaishanense*）这 2 个种中各含有 1 个该类型的生物碱。三出翠雀花亚属（亚属 2）仅有三出翠雀花（*Delphinium biternatum*）一种植物，未见对其化学成分研究的报道。还亮草亚属（亚属 3）虽同样仅有还亮草（*Delphinium anthriscifolium*）一种植物，但在还亮草及其变种卵瓣还亮草（*Delphinium anthriscifolium* var. *savatieri*）、大花还亮草（*Delphinium anthriscifolium* var. *majus* Pamp）中均含有 C_{18}-二萜生物碱。结合其植物分类特征，可以推断出还亮草亚属植物的独特分类与其特殊的化学成分有着内在的必然联系，深入研究其化学成分对植物亲缘关系有显著的指导意义。表 1.4 列出了我国翠雀属植物以及三种国外翠雀属植物中含有的 C_{18}-二萜生物碱。

表 1.4　翠雀属植物中的 C_{18}-二萜生物碱

分类群	数量	化合物名称
卵瓣还亮草（*Delphinium anthriscifolium* var. *savatieri*）	7 个	anthriscifolcine A
		anthriscifolcine B
		anthriscifolcine C
		anthriscifolcine D
		anthriscifolcine E
		anthriscifolcine F
		anthriscifolcine G
大花还亮草（*Delphinium anthriscifolium* var. *majus* Pamp）	7 个	anthriscifoltine C
		anthriscifoltine D
		anthriscifoltine E
		anthriscifoltine F
		anthriscifoltine G
		anthriscifolcone A
		anthriscifolcone B
川黔翠雀花（*Delphinium bonvalotii* Franch）	1 个	delbine
天台山翠雀花（*Delphinium tiantaishanense*）	1 个	tiantaishansine
Delphinium stapeliosum	1 个	14-demethyltuguaconitine
Delphinium crispulum	1 个	delphicrispuline
Delphinium linearilobum	1 个	lineariline

3）其他类植物

除毛茛科乌头属、翠雀属等植物外，一些其他类的植物也被证实含有少量的 C_{18}-二萜生物碱（表 1.5）。

表 1.5   其他类的植物中的 C_{18}-二萜生物碱

植物名	数量	化合物名称
Aconitella hohenackeri	1 个	hohenackeridine
Artemisia korshinskyi	2 个	6-ketoartekorine artekorine

1.2.2   药理活性

二萜生物碱既是乌头属、翠雀属和飞燕草属植物的主要化学成分，也是其主要的药理活性成分，具有广泛的生物活性，多年来一直是学者们的研究热点。其中，C_{18}-二萜生物碱表现出镇痛、抗心律失常、抗肿瘤以及抗炎等药理活性，尤其在镇痛方面作用效果明显。现对 C_{18}-二萜生物碱的上述几种药理活性研究进行归纳总结。

1. 镇痛作用

C_{18}-二萜生物碱中高乌甲素（**1**）、N-去乙酰高乌甲素（N-deacetyllappaconitine）（**16**）、冉乌碱（ranaconitine）（**17**）和 N-去乙酰冉乌碱（N-deacetylranaconitine）（**18**）具有镇痛活性（图 1.11），其中高乌甲素已被开发成为非成瘾性镇痛药。

高乌甲素最早在 1894 年由 Rosendahl 从高乌头（*Aconitum sinomontanum* Nakai）根中提取分离得到。20 世纪 80 年代初，中国科学院上海药物研究所和西北师范大学植物研究所合作，开发出镇痛药氢溴酸高乌甲素，并成功应用于临床。氢溴酸高乌甲素是草乌中第一个被开发出的镇痛药，其镇痛特点是起效慢，但作用时间较长。X. C. Tang 等（1983）、M. Ono 和 T. Satoh（1988）的研究表明高乌甲素的镇痛效能强度大约是氨基比林的七倍，镇痛作用强于吲哚美辛和阿司匹林，但相比于吗啡较弱。D. K. Zhao 等（2013）从 *Aconitum weixiense* 中分离得到的高乌宁碱型 C_{18}-二萜生物碱 weisaconitine D（**19**），在乙酸诱发小鼠扭体疼痛模型中，给药浓度为 50 mg/kg、100 mg/kg、200 mg/kg 时的抑制率分别为 24%、26%、34%，阳性对照组阿司匹林在 200 mg/kg 时的抑制率为 63%，这表明 weisaconitine D 具有一定的镇痛活性。J. L. Wang 等（2009）对 28 个 C_{18}-二萜生物碱和 C_{19}-二萜生物碱结构与镇痛关系的研究发现，N-deethylcrassicauline A（**20**）、N-deethylcrassicauline imine（**21**）、8-O-deacetyl-8-O- ethylcrassicauline A（**22**）、hemsleyanisine（**23**）、8-O-ethylyunaconitine（**24**）、1-demethoxyyunaconitine（**25**）和 1,16-didemethoxy-8-O-deacetyl-$\Delta^{15,16}$-yunaconitine（**26**）有良好的镇痛作用，并

总结了二萜生物碱具有镇痛活性所必需的结构特征为：①A 环上连有叔胺基，②C(8)位上连有乙酰氧基或乙氧基，③C(14)位上连有芳香酯基，④D 环为饱和状态。目前关于二萜生物碱的镇痛机制说法不一。有观点认为，二萜生物碱可与 Na^+ 通道位点 2 结合从而阻断电压门控的 Na^+ 通道，减弱 Na^+ 内流并阻断延迟性 K^+ 内流，最终能够抑制动作电位的发生。

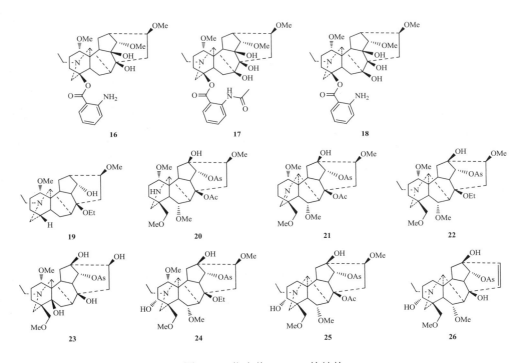

图 1.11　化合物 **16~26** 的结构

2. 抗心律失常作用

最早对二萜生物碱进行抗心律失常研究的是苏联学者 F. N. Dzhakhangirov，他在 1977 年首次报道了从草乌中分离出的二萜生物碱 napelline（**27**）和 heteratisine（**28**）具有抗心律失常的作用（图 1.12）。此后，学者们针对二萜生物碱的抗心律失常作用展开了大量活性筛选和构效关系研究。

刘静涵等（1981）从黄花乌头干燥根中分离得到的关附甲素（**29**）、关附庚素（**30**）、关附壬素（**31**）被证明具有良好的抗心律失常活性。F. N. Dzhakhangirov 等（1997）对约 180 个二萜生物碱的构效关系研究发现，高乌甲素（**1**）、N-去乙酰高乌甲素（**16**）、冉乌碱（**17**）、14-苯甲酰塔拉萨敏（**32**）、6-benzoylheteratisine（**33**）、

6-furoylheteratisine（**34**）、1β-benzoylnapelline（**35**）、zeravschanisine（**36**）这几个化合物具有良好的抗心律失常活性。其中高乌甲素、N-去乙酰高乌甲素和冉乌碱是最具代表性的 C₁₈-二萜生物碱类化合物。F. N. Dzhakhangirov 等（2007）研究该类化合物的构效关系发现其抗心律失常活性与 C(4)上的邻氨基苯甲酰氧基，C(1)、C(14)、C(16)上的甲氧基以及 C(8)上的羟基密切相关。Y. V. Vakhitova等（2013）从分子水平研究氢溴酸高乌甲素抗心律失常作用机制，结果表明其与各种 K⁺通道、Ca²⁺通道及囊状乙酰胆碱转运体有关。

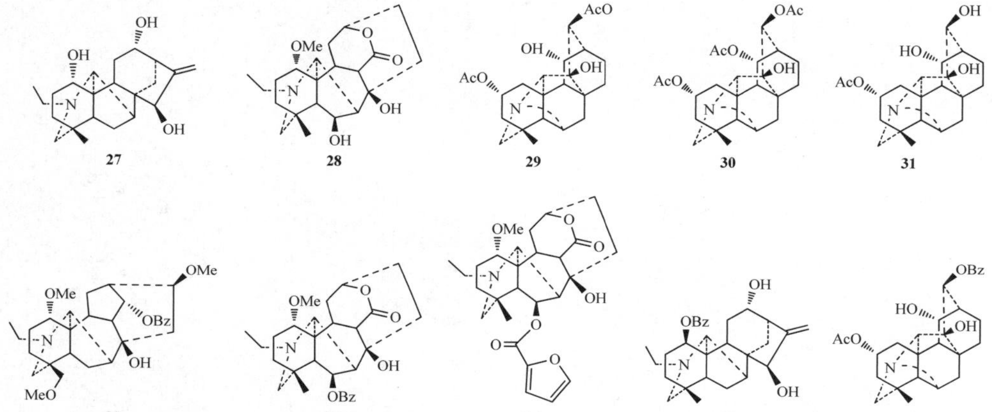

图 1.12　化合物 **27**～**36** 的结构

3. 抗肿瘤作用

20 世纪 80 年代，药理学家们以乌头碱为对象，开始了对二萜生物碱抗肿瘤活性的研究。近些年来，对二萜生物碱抗肿瘤活性的研究取得了一系列新进展。例如，从 *Aconitum karacolicum* Rapcs 中分离得到的 8-O-azeloyl-14-benzoylaconine（**37**）对 HCT-15、A549、MCF-7 等肿瘤细胞株表现出较强的抑制作用，其 IC₅₀为 10～20 μmol/L（图 1.13）；Neoline（**38**）、pubescenine（**39**）、14-deacetylajadine（**40**）、lycoctonine（**41**）、dehydrotakaosamine（**42**）、ajadelphinine（**43**）对SW480、HeLa、Sk-Mel-28 几种癌细胞系有不可逆的细胞毒作用（Ainura C et al.，2005）。林妮等（2005）对氢溴酸高乌甲素进行了体外抗肿瘤研究，结果表明其对小鼠肝癌、S180 细胞均有抑制作用。Y. H. Wu 等（2008）发现不同浓度的高乌甲素注射液对人类急性白血病 HL-60 细胞株有不同程度的诱导分化和凋亡作用。

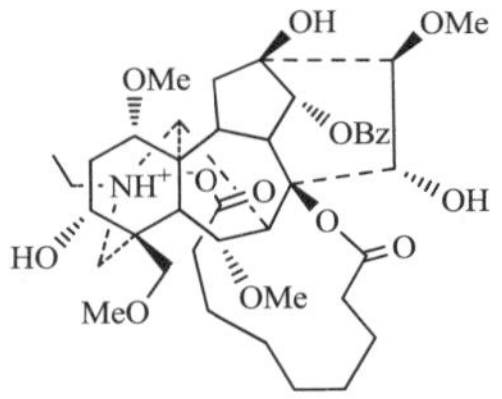

37

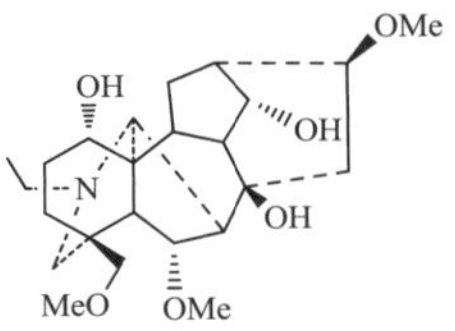

38

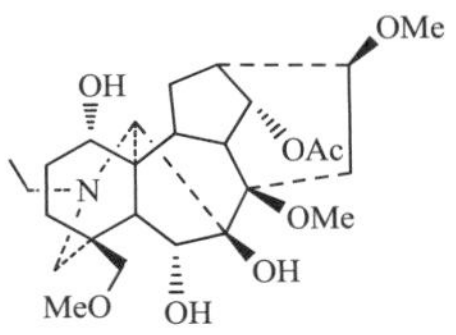

39

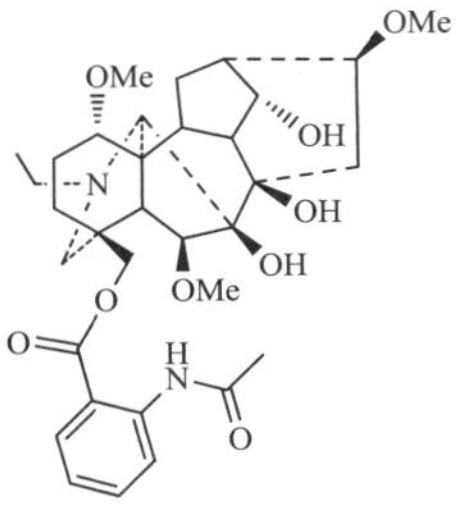

40

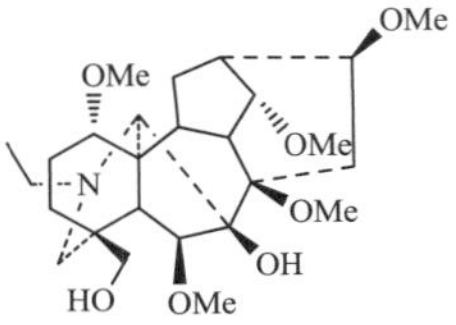

41

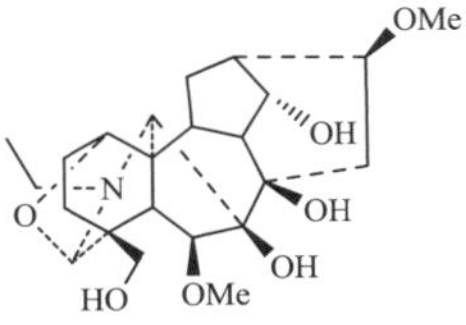

42

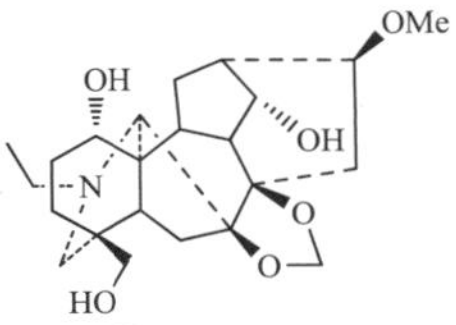

43

图 1.13 化合物 **37**～**43** 的结构

4. 抗炎作用

在我国中医学中，川乌、附子作为传统药用草乌用于治疗风寒湿痹的关节疼痛。现代药理实验证明，川乌总碱对非免疫和免疫性炎症均有抑制作用，表明二萜生物碱类化合物具有明显的抗炎作用。近年来，报道的具有抗炎活性的二萜生物碱多为 C_{19}-二萜生物碱。研究发现从 *Aconitum taronense* Fletcher et Lauener 中分离得到的 taronenine A（**44**）、taronenine B（**45**）、taronenine D（**46**），以及从 *Aconitum iochanicum* 中分离得到的 7,8-epoxy-franchetine（**47**）、N(19)-en-austroconitine A（**48**）对脂多糖（LPS）诱导的 RAW264.7 巨噬细胞炎症反应有较弱的抑制作用（Yin T P et al.，2018；Guo R H et al.，2017）（图 1.14）。此外，Y. Liang 等（2016）的研究表明，*Aconitum carmichaelii* 中的天然二萜生物碱类化合物(−)-1*β*,11*α*-diacetoxy-2*α*,13*α*-dibenzoyloxy-7*β*-hydroxy-15*α*- isobutanoyloxy-*N*-methyl-*N*,19-secohetisan-19-al（**49**）可抑制环氧化酶-2（COX-2）的活性，从而表现出抗炎活性。

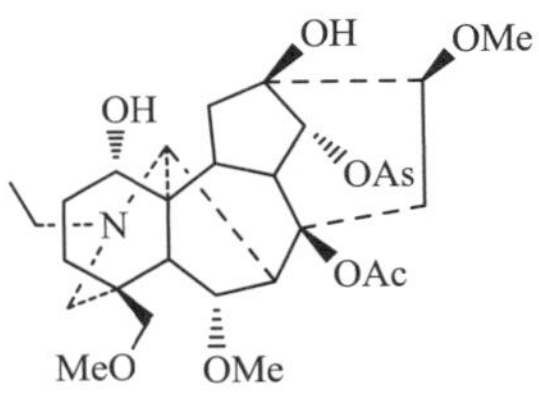

44

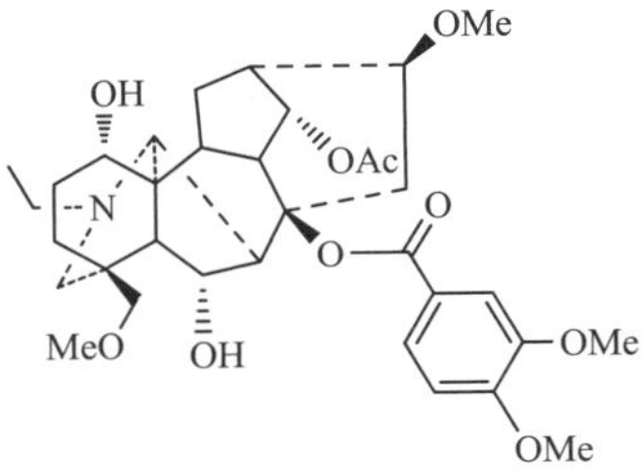

45

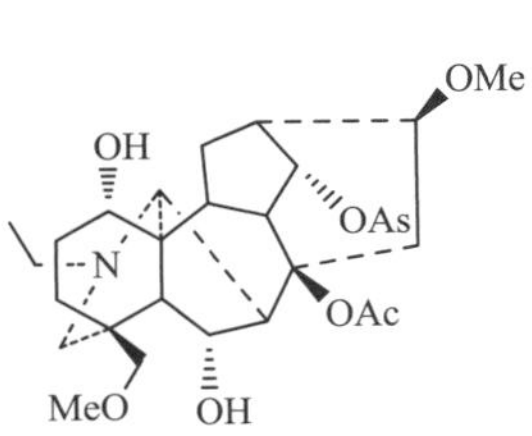

46

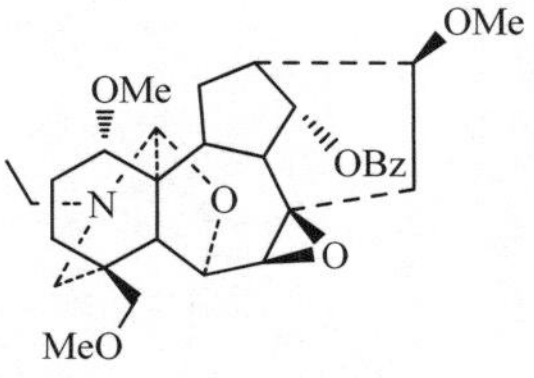

图 1.14　化合物 **44**～**49** 的结构

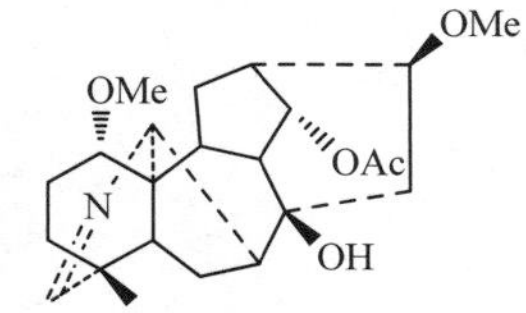

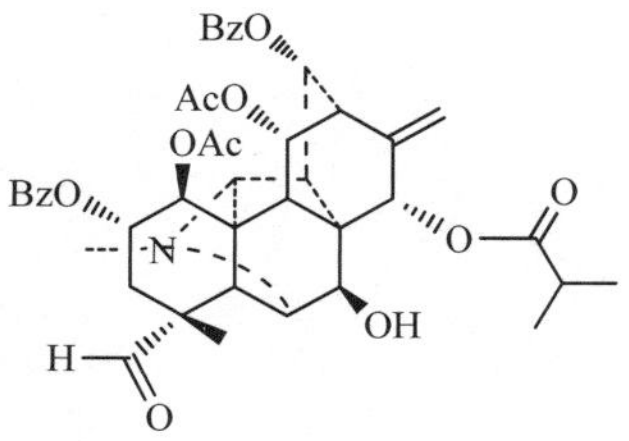

Y. Z. Wang 等（2009）在以血管通透性为主要改变的急性炎症模型实验中，发现高乌甲素能显著抑制蛋清诱导的大鼠足肿胀和二甲苯诱导的小鼠耳肿胀，说明高乌甲素具有良好的抗炎作用。

1.2.3　结构修饰

基于天然产物的母体结构，引入各类取代基，对某些官能团进行化学结构修饰、衍生化设计，以期得到生物活性高的化合物，是探索开发新药的重要途径之一，对药物分子库多样性的创建也有重要意义。结构改造是研究其构效关系的主要途径。C$_{18}$-二萜生物碱结构虽复杂，但大多数该类化合物均含有酰胺、羟基、酯基等易于引入取代基进行结构修饰的活性位点。

以我国首创的具有镇痛、抗炎效果的非成瘾性镇痛药 C$_{18}$-二萜生物碱高乌甲素为例，结构修饰和衍生化主要集中在 C(4)位连接的酯键、C(8)和 C(9)位，以及两个氮原子（三级胺 N 原子和 2′位上的 N 原子）。

1. 三级胺 N 原子的结构修饰

对高乌甲素的三级胺 N 原子进行的结构修饰主要是脱去 N 原子上的乙基，再进行下一步的衍生化。或对 N 原子进行氧化得到不同氮原子状态的修饰产物。

N. A. Pankrushina 等（2003）以高乌甲素为原料，在 *N*-溴代丁二酰亚胺（NBS）的作用下对三级胺 N 原子进行去乙基化反应，再在碱的作用下用卤代烷进行烷基化，制备了一系列含有不同取代基的 *N*-去乙基高乌甲素衍生物（图 1.15）。

同时，N. A. Pankrushina 等（2003）对三级胺 N 原子进行氧化得到氮氧化物（**60**），并在减压条件下进行加热，制备得到具有羟胺结构的高乌甲素衍生物（**61**）（图 1.16）。

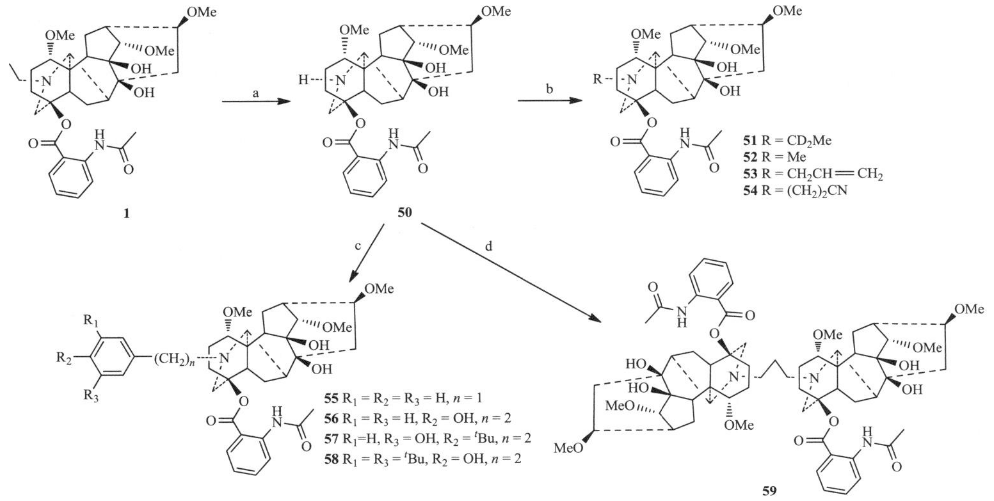

图 1.15　Pankrushina 等对高乌甲素三级胺 N 原子的结构修饰路线 1

a. NBS，H_2O，50℃。b.（**51**）$MeCD_2Br$，20℃，96 h；（**52**）MeI，K_2CO_3，MeCN，Ar，40~45℃，48 h；（**53**）$CH_2 = CHCH_2Br$，K_2CO_3，DMF，Ar，90~95℃，4 h；（**54**）$CH_2 = CHCN$，EtOH，Et_3N，Ar，70~80℃。c.（**55**）BnBr，K_2CO_3，MeCN，Ar，80~90℃，2 h；（**56**）$Br(CH_2)_2C_6H_4OH$，K_2CO_3，DMF，70℃，24 h；（**57**）4-$Cl(CH_2)_2$-2-$^tBuC_6H_3OH$，K_2CO_3，DMF，70~80℃，24 h；（**58**）$Cl(CH_2)_2$-Ph-o，o-^tBu-p-OH，K_2CO_3，DMF，70~80℃，24 h。d. $Br(CH_2)_3Br$，K_2CO_3，DMF，Ar，70℃，4.5 h

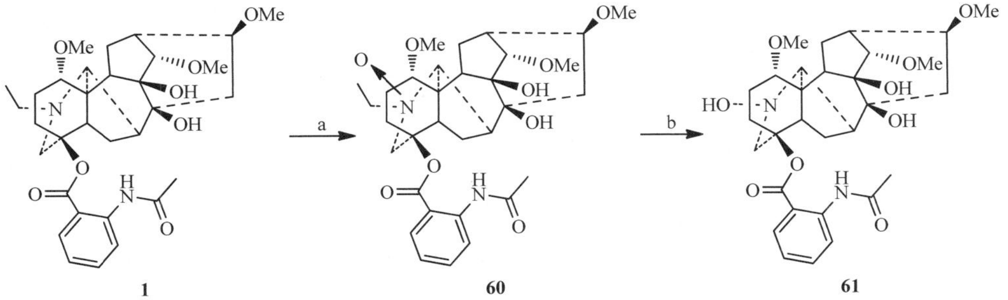

图 1.16　Pankrushina 等对高乌甲素三级胺 N 原子的结构修饰路线 2

a. m-CPBA，$CHCl_3$，20℃，4 h；b. 100~140℃，5 Torr，2 h

　　王建莉（2004）以冰醋酸为溶剂，将高乌甲素与 6 倍摩尔量的 NBS，在室温下反应，得到亚胺化合物（**62**）。在相同反应条件下，将高乌甲素与 3 倍摩尔量的 NBS 混合，反应得到去 N-乙基高乌甲素（**63**）（图 1.17）。

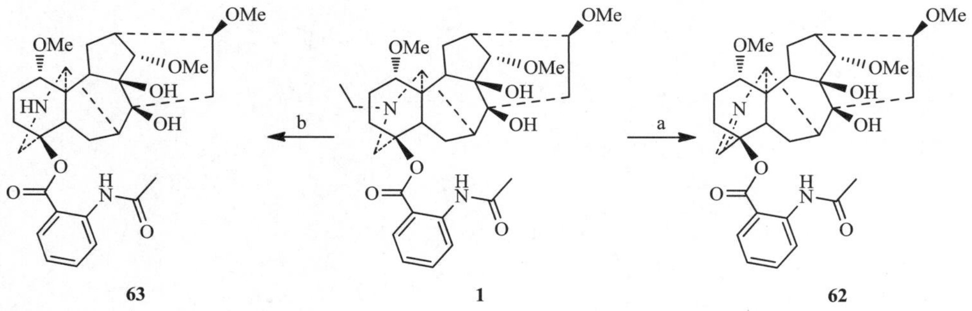

图 1.17　王建莉对高乌甲素三级胺 N 原子的结构修饰路线

a. 6 eq NBS，HOAc，室温，5 h；b. 3 eq NBS，HOAc，室温，1.5 h

2. 酯键的结构修饰

王建莉（2004）在制备化合物 **62** 和 **63** 后，为进一步研究 NBS/HOAc 反应制备亚胺的适用范围，以高乌甲素为原料，制备得到水解产物（**64**）和全乙酰产物（**65**）。再分别以 **64** 和 **65** 为底物，与 8 倍摩尔量的 NBS 反应，制备得到亚胺化合物 **66** 和 **67**（图 1.18）。

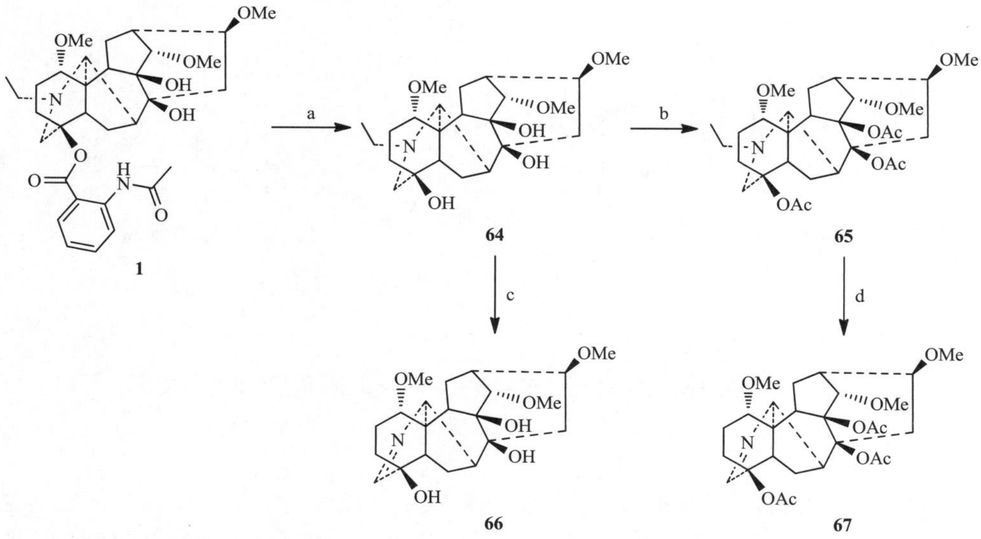

图 1.18　王建莉对高乌甲素酯键的结构修饰路线

a. 5% NaOH，CH₃OH，50℃，30 min；b. Ac₂O，p-TsOH；c. 8 eq NBS，HOAc；d. 8 eq NBS，HOAc

3. 2′位 N 原子的烷基化与酰基化

S. W. Pelletier 等以高乌甲素为原料，在 2% HCl 水溶液中回流制备得到化合物 N(2′)-脱乙酰基高乌甲素 **68**，再进行甲基化反应得到 N-甲基化衍生物 **69** 和 **70**。在碱性条件下（Bai Y L et al.，1995；Ross S A and Pelletier S W，1991），**68** 与酰基卤化物反应得到一系列的 N-酰化衍生物 **71**～**77**（图 1.19）。

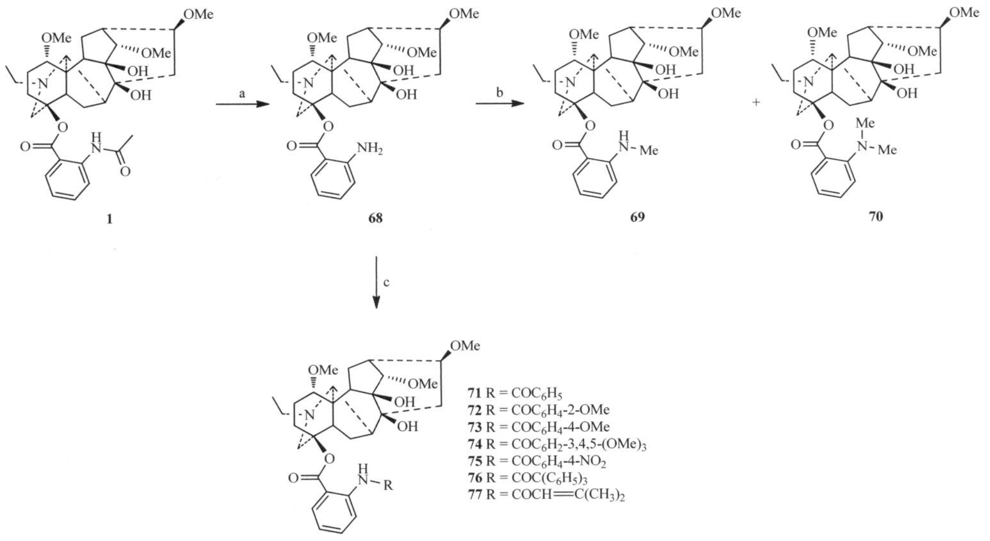

71 R = COC$_6$H$_5$
72 R = COC$_6$H$_4$-2-OMe
73 R = COC$_6$H$_4$-4-OMe
74 R = COC$_6$H$_2$-3,4,5-(OMe)$_3$
75 R = COC$_6$H$_4$-4-NO$_2$
76 R = COC(C$_6$H$_5$)$_3$
77 R = COCH=C(CH$_3$)$_2$

图 1.19 Pelletier 等对高乌甲素 2′位 N 原子的结构修饰路线

a. 2% HCl；b. MeI，100℃，3 h；c. RCl，吡啶，苯，室温，20 h

4. C(8)、C(9)位结构修饰

高乌甲素的 C(8)、C(9)位上连有两个醇羟基，因此对 C(8)、C(9)位的结构修饰主要是对两个位点进行酯化和醚化，得到高乌甲素衍生物。

N. A. Pankrushina 等（2003）将高乌甲素与二乙氧基甲烷在酸性条件下发生缩合反应，得到缩甲醛衍生物（**78**）（图 1.20）。

S. A. Ross 和 S. W. Pelletier（1991）将高乌甲素溶于 AcCl 中，室温下搅拌反应 3 天，可制备得到 C(8)、C(9)位羟基乙酰化衍生物（**79**）（图 1.21）。

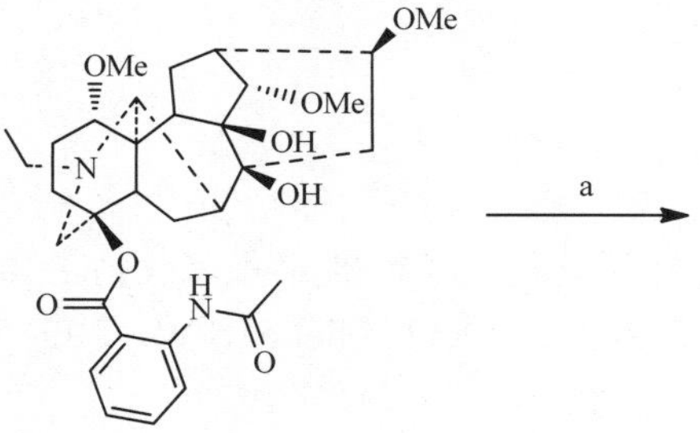

图 1.20　Pankrushina 等对高乌甲素 C(8)、C(9)位的结构修饰路线

a. 二乙氧基甲烷，*p*-TsOH，苯，回流，14 h

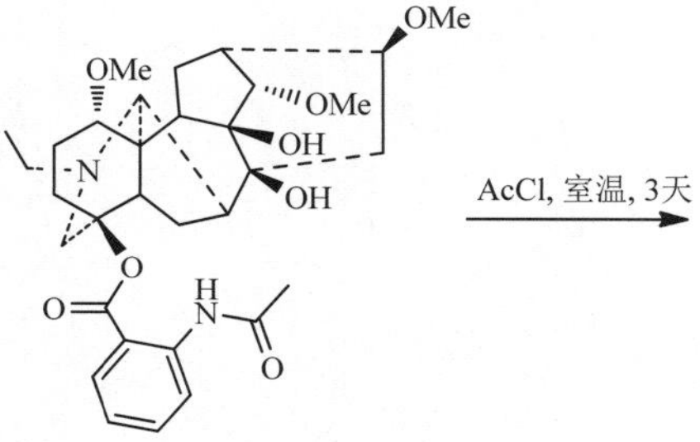

图 1.21　Ross 和 Pelletier 对高乌甲素 C(8)、C(9)位的结构修饰路线

1.2.4　毒理研究

　　二萜生物碱种类多样，有多种药理作用，又常表现出不同程度的毒性，这使得二萜生物碱既是乌头属、翠雀属和飞燕草属植物的主要生理活性成分，又是其毒性成分。例如，川乌、附子、草乌等植物的主要成分乌头碱为剧毒的双酯型生物碱，其毒理作用是使中枢神经和感觉神经系统先兴奋后麻痹，有较强的神经毒性。李志勇等（2009）通过体外培养乳鼠心肌细胞观察次乌头碱的心脏毒性，发现次乌头碱对心肌细胞有明显的毒性作用，且与浓度和作用时间有关。高乌甲素作为 C_{18}-二萜生物碱的代表性化合物，其毒性依然表现在神经毒性和心脏毒性两个方面。在临床使用过程中，高乌甲素制剂可使个别病例发生过敏反应，表现出心律不齐、心室颤动、耳毒性等不良反应。

1.2.5　核磁共振谱特征

　　核磁共振波谱法（NMR）是天然产物分子结构分析的重要方法之一。可以通过 NMR 的测定来推断出化合物的分子结构、取代基位置和立体结构（包括构型、构象）等。在此我们对已发表的 100 余个 C_{18}-二萜生物碱的 NMR 谱特征信号进行分析与归纳。

1. ^{13}C NMR 谱

C_{18}-二萜生物碱结构复杂，碳原子数量较多，^{13}C NMR 可以给出丰富的碳骨架信息。在 ^{13}C NMR 谱中，每个碳原子都有相对应的化学位移，碳原子所在的化学环境发生变化时，其化学位移也会发生规律性变化。因此，在分析和鉴定化合物的分子结构时，比较类似化合物的 ^{13}C NMR 化学位移值，是有效、可行的方法之一。

1）季碳

季碳（包括全碳季碳和含氧季碳）的归属在 C_{18}-二萜生物碱的结构鉴定中非常重要，化学位移几乎恒定，只有当骨架或主要结构发生变化时，季碳的化学位移才会有较大的变动。C_{18}-二萜生物碱至少有 C(8) 和 C(11) 两个季碳。当 C(4) 与羟基、乙酰氧基或邻氨基苯甲酰氧基等含氧基团相连时，也为季碳。若 C(4) 无含氧基团取代，其化学位移 δ_C 值为 30～36 ppm；羟基取代后向低场移动至 70～73 ppm；酯基取代则 δ_C 值为 82～85 ppm。此外，由于取代基的引入，C(7)、C(9)、C(10)、C(13) 也可能为季碳，且 δ_C 值大多大于 70 ppm。同时，δ_C 值会受到周围其他取代基的影响而发生变化。季碳的 δ_C 值范围见表 1.6。

表 1.6　季碳的 δ_C 值范围

碳	化学位移 δ_C/ppm
C(4)	58～59 [C(3),C(4)环氧结构]，68～71（—OH），77～78 [—OH，C(19)＝O]，78～79 [—OH，C(4)—C(l)]，79 [—OH，C(3)—OH]，79～81（—OAc），81～84（邻氨基苯甲酰氧基）
C(7) [冉乌宁碱型]	76～77 [—OH，C(6)无含氧取代基]，87～92 [—OH，C(6)有含氧取代基]，91～93 [C(7),C(8)亚甲二氧基]
C(8)	71～78（—OH），78～82（—OMe），78～79（OEt），77～85（—OAc），80～84 [C(7),C(8)亚甲二氧基]
C(9)	74～79（—OH），88～89 [C(9),C(14)亚甲二氧基]
C(10)	78～83（—OH）
C(11)	47～55（—OH）
C(13)	76～77（—OH），82～83（—OAc）

2）取代基

通过 ^{13}C NMR 谱可以对各类取代基进行定性、定量和定位等分析。表 1.7 列出了 C$_{18}$-二萜生物碱中常见取代基的 δ_C 值范围。

表 1.7　C$_{18}$-二萜生物碱中常见取代基的 δ_C 值范围

取代基	化学位移 δ_C/ppm
甲氧基（OCH$_3$）	56～59
氮乙基（N—CH$_2$—CH$_3$）	46～50（N—*CH$_2$*—CH$_3$），12～15（N—CH$_2$—*CH$_3$*）
亚甲二氧基（OCH$_2$O）	92～94
乙酰氧基（OCOCH$_3$）	169～172（C＝O），21～22（CH$_3$）
苯甲酰氧基（OCOC$_6$H$_5$）	166～168（C＝O），130～131（1′），129～130（2′，6′），128～129（3′，5′），132～133（4′）
对甲氧基苯甲酰氧基（OCOC$_6$H$_4$OCH$_3$）	166～168（C＝O），122～123（1′），131～132（2′，6′），113～114（3′，5′），163～164（4′），55～56（4′-OCH$_3$）
3,4-二甲氧基苯甲酰氧基 [OCOC$_6$H$_4$(OCH$_3$)$_2$]	166～168（C＝O），122～123（1′），110～112（2′），148～149（3′），152～153（4′），110～112（5′），123～124（6′），55～56（3′-OCH$_3$，4′-OCH$_3$）
邻氨基苯甲酰氧基（OCOC$_6$H$_4$NH$_2$）	167～169（C＝O），110～112（1′），150～151（2′），116～117（3′），133～135（4′），116～117（5′），130～131（6′）
邻乙酰氨基苯甲酰氧基（OCOC$_6$H$_4$NHCOCH$_3$）	167～169（C＝O），114～116（1′），141～142（2′），120～121（3′），134～135（4′），122～123（5′），131～132（6′），168～169（*CO*CH$_3$），25～26（CO*CH$_3$*）
异丁酰氧基 [OCOCH(CH$_3$)$_2$]	176～177（C＝O），34～35（1′），18～19（2′，3′）

2. ^{1}H NMR 谱

由于 C$_{18}$-二萜生物碱具有多个不饱和碳原子，其 ^{1}H NMR 信号重叠较多。C$_{18}$-二萜生物碱中常见取代基的质子化学位移 δ_H 值范围如表 1.8 所示。①连接在脂肪碳上的甲氧基，其质子信号为单峰，化学位移 δ_H 的范围是 3.0～3.4 ppm。连接在芳环取代基上的甲氧基，质子化学位移 δ_H 值为 3.8～3.9 ppm。②氮乙基中的甲基质子信号以三重峰（$J = 7.0～7.2$ Hz）的形式出现在 δ_H 1.0～1.2 ppm。③亚甲二氧基的两个质子所处的化学环境不同，其化学位移也不同，常在 δ_H 4.8～5.2 ppm 出现两个单峰或一个宽单峰。例如，来源于翠雀属植物 *Delphinium anthriscifolium* var. *savatieri* 的生物碱 anthriscifolcine A（Song L et al., 2007），其亚甲二氧基在 δ_H 4.91 ppm 处出现单峰。④C$_{18}$-二萜生物碱中乙酰氧基常连在 C(4)、C(6)、C(8)、C(14)上，其质子化学位移 δ_H 通常在 1.9～2.1 ppm 范围内表现为单峰。但当 C(14)

存在芳香酸酯基取代时，由于苯环的屏蔽效应，C(8)—OCOCH$_3$ 的甲基化学位移向高场移动至 δ_H1.2～1.4 ppm。例如，delavaconitine G（Jiang S H et al.，2007）的 C(8)—OCOCH$_3$ 的 δ_H 为 1.23 ppm。

表 1.8 C$_{18}$-二萜生物碱中常见取代基的质子信号的 δ_H 值范围

取代基	化学位移 δ_H/ppm
甲氧基（OCH$_3$）	3.0～3.4（s，脂肪碳上取代） 3.8～3.9（s，芳环取代基上取代）
氮乙基（N—CH$_2$—CH$_3$）	1.0～1.2（t）
亚甲二氧基（OCH$_2$O）	4.8～5.2（s）
乙酰氧基（OCOCH$_3$）	1.9～2.1（s） 1.2～1.4（s，C(8)—OCOCH$_3$，14 位为芳香酰氧基）
苯甲酰氧基（OCOC$_6$H$_5$）	7.1～8.5（m）
对甲氧基苯甲酰氧基（OCOC$_6$H$_4$OCH$_3$）	6.9～8.0（m，Ar—H） 3.8～3.9（s，Ar—OCH$_3$）
邻氨基苯甲酰氧基（OCOC$_6$H$_4$NH$_2$）	6.6～7.8（m，Ar—H） 5.6～5.7（br s，NH$_2$）
邻乙酰氨基苯甲酰氧基（OCOC$_6$H$_4$NHCOCH$_3$）	7.4～8.0（m，Ar—H）11.0～11.2（s，NH） 2.1～2.2（COCH$_3$）
3,4-二甲氧基苯甲酰氧基 [OCOC$_6$H$_4$(OCH$_3$)$_2$]	6.8～7.7（m，Ar—H） 3.9（s，OCH$_3$）
异丁酰氧基 [OCOCH(CH$_3$)$_2$]	1.1～1.2（d）[CH(CH$_3$)$_2$] 2.5～2.8（m）[CH(CH$_3$)$_2$]

　　二萜生物碱已积累了丰富的核磁共振谱图数据，从中归纳规律，可作为鉴定化合物结构的参考。

参 考 文 献

李志勇，李彦文，图雅，等. 2010. 乌头属植物在少数民族医药中的应用. 中央民族大学学报（自然科学版），19（2）：72-81.

李志勇，孙建宁，张硕峰. 2009. 次乌头碱对原代培养心肌细胞的毒性研究. 北京：中国药理学会第十次全国学术会议专刊.

林妮，肖柳英，林培英，等. 2005. 氢溴酸高乌甲素抗肿瘤的实验研究. 中医研究，18（10）：16-18.

刘静涵，王洪诚，高耀良，等. 1981. 中国乌头之研究——XVI. 关白附子中的新生物碱. 中草药，12（3）：1-2.

王锋鹏，方起程. 1983. 紫乌头生物碱的化学研究. 药学学报，18：514.

王建莉. 2004. 镇痛药高乌甲素和草乌甲素的结构修饰以及脂肪环醚氧化成内酯反应的研究. 成都：四川大学.

肖培根，王锋鹏，高峰，等. 2006. 中国乌头属植物药用亲缘学研究. 植物分类学报，44（1）：1-46.

Ainura C，Jean-Jacques B，Jean G，et al. 2005. 8-*O*-azeloyl-14-benzoylaconine: a new alkaloid from the roots of *Aconitum karacolicum* Rapcs and its antiproliferative activities. Bioorganic & Medicinal Chemistry，13：6493-6501.

Bai Y L, Desai H K, Pelletier S W. 1995. *N*-oxides of some norditerpenoid alkaloids. Journal of Natural Products, 58(6): 929-933.

Dzhakhangirov F N, Kasymova K R, Sultankhodzhaev M N, et al. 2007. Toxicity and local anesthetic activity of diterpenoid alkaloids. Chemistry of Natural Compounds, 43 (5): 581-589.

Dzhakhangirov F N, Sadritinov F S. 1977. Pharmacology of napelline and hetratisine alkaloids. Doklady Akademii Nauk (USSR), (3): 50-51.

Dzhakhangirov F N, Sultankhodzhaev M N, Tashkhodzhaev B, et al. 1997. Diterpenoid alkaloids as a new class of antiarrhythmic agents. Chemistry of Natural Compounds, 33 (2): 190-202.

冯锋，刘静涵. 1994. 吉林乌头生物碱成分研究. 中国药科大学学报, 25 (5): 319-320.

Guo R H, Guo C X, He D, et al. 2017. Two new C$_{19}$-diterpenoid alkaloids with anti-inflammatory activity from *Aconitum iochanicum*. Chinese Journal of Chemistry, 35 (10): 1644-1647.

Ichinohe Y, Bando H, Kadota Y, et al. 2002. *Aconitum sachalinense* Fr. Schimidt and its allied species. Report of Research Institute of Science and Technology, Nihon University, 46: 1-19.

Jiang S H, Wang H Q, Li Y M, et al. 2007. Two new C$_{18}$-norditerpenoid alkaloids from *Aconitum delavayi*. Chinese Chemical Letters, 18 (4): 409-411.

Kolak U, Oeztuerk M, Oezgoekce F, et al. 2006.Norditerpene alkaloids from *Delphinium linearilobum* and antioxidant activity. Phytochemistry, 67 (19): 2170-2175.

Liang Y, Wu J L, Li X, et al. 2016. Anti-cancer and anti-inflammatory new vakognavine-type alkaloid from the roots of *Aconitum carmichaelii*. Tetrahedron Letters, 57 (52): 5881-5884.

Mu Z Q, Gao H, Huang Z Y, et al. 2012. Puberunine and puberudine, two new C$_{18}$-diterpenoid alkaloids from *Aconitum barbatum* var. *puberulum*. Organic Letters, 14 (11): 2758-2761.

Nishanov A A, Tashkhodzhaev B, Usupova I M, et al. 1992. Alkaloids of *Aconitum kirinense*. Structure of akirine. Khimiya Prirodnykh Soedinenii, 28 (5): 534-538.

Ono M, Satoh T. 1988. Pharmacological studies of lappaconitine. Analgesic activities. Arzneimittel Forsch, 38 (7): 892-895.

Pankrushina N A, Nikitina I A, Anferova N V, et al. 2003. Study of alkaloids of the *Siberian* and *Altai flora*. 10. Synthesis of N (20) -deethyllappaconitine derivatives. Russian Chemical Bulletin, 52 (11): 2490-2499.

Pelletier S W, Mody M V. 1979. The structure and synthesis of C$_{19}$-diterpenoid alkaloids. //Manske R H F, Rodrigo R G A. The Alkaloids: Chemistry and Physiology. New York: Academic Press: 1-103.

Pelletier S W, Mody M V. 1981.The Alkaloids: Chemistry and Physiology. New York: Academic Press: 100-216.

Ross S A, Pelletier S W. 1991. New synthetic derivatives of aconitine, delphonine and *N*-deacetyl-lappaconitine. Heterocycles, 32 (7): 1307-1315.

Song L, Liang X X, Chen D L, et al. 2007. New C$_{18}$-diterpenoid alkaloids from *Delphinium anthriscifolium* var. *savatieri*. Chemical Pharmaceutical Bulletin, 55 (6): 918-921.

Tang X C, Zhu M Y, Feng J, et al. 1983. Studies on pharmacologic actions of lappaconitine hydrobromide. Acta Pharmacologica Sinica, 18 (8): 579-584.

Vakhitova Y V, Farafontova E I, Khisamutdinova R Y, et al. 2013. A study of the mechanism of the antiarrhythmic action of *Allapinin*. Russian Journal Bioorganic Chemistry, 39 (1): 92-101.

Wang F P, Liang X T. 2002. C$_{20}$-Diterpenoid Alkaloids. //Cordell G A. The alkaloids: Chemistry and Biology. New York: Academic Press, 59: 1-280.

Wang J L, Shen X L, Chen Q H, et al. 2009. Structure-analgesic activity relationship studies on the C$_{18}$- and

C$_{19}$-diterpenoid alkaloids. Chemical Pharmaceutical Bulletin，57（8）：801-807.

Wang Y Z，Xiao Y Q，Zhang C，et al. 2009. Study of analgesic and anti-inflammatory effects of lappaconitine Gelata. Journal of Traditional Chinese Medicine，29（2）：141-145.

Wu Y H，Ning Y Z，Xu J B，et al. 2008. A study on Shenfu injection and lappaconitine hydrobromide injection inducing HL-60 differentiation and apoptosis. Journal of Guangzhou University of Traditional Chinese Medicine，25（2）：131-136.

Yin T P，Hu X F，Mei R F，et al. 2018. Four new diterpenoid alkaloids with anti-inflammatory activities from *Aconitum taronense* Fletcher et Lauener. Phytochemistry Letters，25：152-155.

Zhang Q，Tan J J，Chen X Q，et al. 2017. Two novel C$_{18}$-diterpenoid alkaloids，sinomontadine with an unprecedented seven-membered ring A and chloride-containing sinomontanine N from *Aconitum sinomontanum*. Tetrahedron Letters，58（18）：1717-1720.

Zhao D K，Ai H L，Zi S H，et al. 2013. Four new C$_{18}$-diterpenoid alkaloids with analgesic activity from *Aconitum weixiense*. Fitoterapia，91：280-283.

第 2 章　化合物核磁数据

　　近年来结构新颖的 C_{18}-二萜生物碱不断被发现，但由于其结构复杂多变，核磁图谱解析也较为困难。在现代植物化学及药物合成的研究中，对于一个未知化学成分的结构解析，^{13}C NMR 和 ^1H NMR 谱的测定及解析是常用的方法之一。通过对测定的化合物的 NMR 图谱数据进行解析，或与文献中已有的化合物的数据进行分析比对，再结合其他波谱分析，便可以得出待测化合物的结构。因此，我们在此对 C_{18}-二萜生物碱的核磁数据、植物来源、分子式及分子量进行归纳、整理，以便广大读者查阅。

　　常见的基团缩写

2.1　高乌宁碱型（lappaconines，A1）

化合物名称：4-anthranoyllapaconidine

分子式：$C_{29}H_{40}N_2O_7$　　　　　　分子量（$M+1$）：529

植物来源：*Aconitum septentrionale*

参考文献：Sayed H M，Desai H K，Ross S A，et al. 1992. New diterpenoid alkaloids from the roots of *Aconitum septentrionale*：isolation by an ion exchange method. Journal of Natural Products，55（11）：1595-1606.

4-anthranoyllapaconidine 的 NMR 数据

位置	δ_C/ppm	δ_H/ppm（J/Hz）	位置	δ_C/ppm	δ_H/ppm（J/Hz）
1	72.0 d		16	82.7 d	
2	29.7 t		17	63.0 d	
3	30.3 t		19	57.9 t	
4	81.0 s		21	48.1 t	
5	48.2 d		22	12.9 q	
6	27.1 t		14-OMe	57.8 q	
7	46.4 d		16-OMe	56.1 q	
8	75.9 s		4-OCO	166.9 s	
9	77.2 s		1'	111.3 s	
10	43.9 d		2'	150.5 s	
11	50.0 s		3'	116.6 d	
12	23.4 t		4'	133.9 d	
13	36.1 d		5'	116.0 d	
14	90.1 d		6'	131.2 d	
15	44.8 t				

注：溶剂 CDCl₃

化合物名称：8-acetyldolaconine

分子式：$C_{26}H_{39}NO_6$　　　　　　　**分子量（M+1）**：462

植物来源：*Aconitum campylorrhynchum* Hand-Mazz　弯喙乌头

参考文献：丁立生，陈维新. 1990. 弯喙乌头的化学成分研究. 药学学报，25（16）：441-444.

8-acetyldolaconine 的 NMR 数据

位置	δ_C/ppm	δ_H/ppm（J/Hz）	位置	δ_C/ppm	δ_H/ppm（J/Hz）
1	85.8 d	3.06 dd（10.0, 6.5）	13	41.6 d	3.20 br s
2	29.8 t	1.85 m	14	75.3 d	4.74 t（4.6）
		1.16 m	15	28.9 t	1.84 m
3	37.8 t	2.73 dd（15.0, 9.0）			2.30 m
		2.04 dd（15.0, 7.0）	16	82.9 d	3.19 m
4	36.6 d	1.55 br s	17	62.3 d	2.77 s
5	44.8 d	1.85 br s	19	50.0 t	2.44 dd（11.4, 7.0）
6	29.8 t	1.69 d（12.0）			2.49 dd（11.4, 5.0）
		1.38 dd（12.0, 12.0）	21	49.4 t	2.35 q（7.0）
7	45.3 d	1.68 br s	22	13.4 q	1.00 t（7.0）
8	86.1 s		1-OMe	56.3 q	3.22 s
9	42.3 d	2.54 br s	16-OMe	56.4 q	3.26 s
10	38.6 d	2.29 br s	8-OAc	169.5 s	
11	48.7 s			22.4 q	1.98 s
12	27.0 t	1.93 br d（9.5）	14-OAc	171.0 s	
		2.13 d（9.5）		21.3 q	1.88 s

注：溶剂 CDCl₃

化合物名称：8-acetylexcelsine

分子式：$C_{24}H_{35}NO_7$ **分子量（$M+1$）：450**

植物来源：*Aconitum kirinense* Nakai 吉林乌头

参考文献：冯锋，柳文嫒，陈优生，等. 2003. 吉林乌头的化学成分研究. 中国药科大学学报，34（1）：17-20.

8-acetylexcelsine 的 NMR 数据

位置	δ_C/ppm	δ_H/ppm（J/Hz）	位置	δ_C/ppm	δ_H/ppm（J/Hz）
1	76.8 d	3.95 br t（2.6）	13	36.2 d	2.46 dd（7.7, 4.2）
2	31.9 t		14	89.1 d	3.34 dd（4.5, 1.7）
3	57.3 d	3.08 dd（7.2, 5.6）	15	40.0 t	2.36 dd（6.9, 2.4）
4	58.3 s		16	82.3 d	
5	47.8 d		17	63.8 d	
6	23.5 t	2.83 dd（14.5, 6.8）	19	53.2 t	3.03 br d（9.6）
		1.80 dd（14.5, 8.2）	21	47.3 t	
7	42.0 d		22	12.9 q	1.09 t（7.2）
8	85.1 s		14-OMe	57.5 q	3.38 s
9	76.4 s		16-OMe	56.0 q	3.33 s
10	43.9 d	1.63 dd（11.8, 4.2）	8-OAc	168.4 s	
11	53.4 s			22.0 q	2.07 s
12	26.9 t				

注：溶剂 $CDCl_3$；^{13}C NMR：75 MHz；^{1}H NMR：300 MHz

化合物名称：aconosine

分子式：C$_{22}$H$_{35}$NO$_4$　　　　　　　　　**分子量**（$M+1$）：378

植物来源：*Aconitum pseudostapfianum*　拟玉龙乌头

参考文献：陈瑛，丁立生，王明奎，等. 1996. 拟玉龙乌头的二萜生物碱研究.
中草药，27（1）：5-8.

aconosine 的 NMR 数据

位置	δ_C/ppm	δ_H/ppm（J/Hz）	位置	δ_C/ppm	δ_H/ppm（J/Hz）
1	86.2 d		12	28.0 t	
2	26.0 t		13	45.8 d	
3	29.2 t		14	75.3 d	
4	36.3 d		15	39.2 t	
5	46.8 d		16	82.3 d	
6	29.0 t		17	63.0 d	
7	46.0 d		19	50.4 t	
8	73.2 s		21	49.6 t	
9	47.0 d		22	13.6 q	
10	38.6 d		1-OMe	55.8 q	
11	48.7 s		16-OMe	56.1 q	

注：溶剂 CDCl$_3$；^{13}C NMR：75 MHz

化合物名称：acotoxicine

分子式：$C_{22}H_{35}NO_5$　　　　　　　分子量（$M+1$）：394

植物来源：*Aconitum toxicum*

参考文献：Csupor D，Forgo P，Wenzig E M，et al. 2008. Bisnorditerpene，norditerpene，and lipo-alkaloids from *Aconitum toxicum*. Journal of Natural Products，71（10）：1779-1782.

acotoxicine 的 NMR 数据

位置	δ_C/ppm	δ_H/ppm（J/Hz）	位置	δ_C/ppm	δ_H/ppm（J/Hz）
1	84.3 d	3.15 dt（9.9，6.9）	13	38.1 d	2.34 br s
2	35.2 t	2.22 m	14	75.5 d	4.15 t（4.0）
3	70.7 d	3.70 br d（10.7）	15	39.3 t	2.43 dd（17.1，8.6）
4	44.2 d	1.74 br s			2.07 d（17.1）
5	43.0 d	1.79 m	16	82.1 d	3.40 d（8.6）
6	28.5 t	2.21 m	17	62.9 d	3.08 s
		1.41 dd（14.3，7.6）	19	43.8 t	2.99 d（12.0）
7	45.8 d	2.20 m			2.30 m
8	73.1 s		20	49.6 t	2.48 br m
9	47.0 d	2.28 m	21	13.5 q	1.08 t（6.9）
10	45.2 d	1.67 dd（13.8，8.3）	1-OMe	56.4 q	3.27 s
11	47.9 s		16-OMe	56.4 q	3.34 s
12	27.3 t	1.83 m			

注：溶剂 $CDCl_3$；^{13}C NMR：125 MHz；^1H NMR：500 MHz

化合物名称：akiramine

分子式：$C_{25}H_{39}NO_7$　　　　　　　　　分子量（$M+1$）：466

植物来源：*Aconitum kirinense* Nakai　吉林乌头

参考文献：Teshebaeva U T，Sultankhodzhaev M N，Nishanov A A. 1999. Alkaloids of *Aconitum kirinense*，the structure of akiramine. Chemistry of Natural Compounds，35（4）：445-447.

akiramine 的 NMR 数据

位置	δ_C/ppm	δ_H/ppm（J/Hz）	位置	δ_C/ppm	δ_H/ppm（J/Hz）
1	71.9 d	3.73 t (2.5)	14	81.8 d	3.55 t (5.0)
2	29.5 t		15	39.9 t	
3	30.4 t		16	83.0 d	
4	79.9 s		17	64.0 d	
5	49.0 d		19	59.1 t	
6	84.5 d	4.02 d (7.0)	21	48.0 t	
7	51.4 d		22	12.7 q	1.06 t (7.0)
8	75.0 s		6-OMe	57.6 q	3.29 s
9	44.1 d		14-OMe	57.7 q	3.35 s
10	44.0 d		16-OMe	56.2 q	3.28 s
11	49.6 s		4-OAc	169.6 s	
12	30.5 t			21.9 q	1.97 s
13	37.6 d				

注：溶剂 CDCl₃

化合物名称：akirane

分子式：$C_{26}H_{41}NO_7$　　　　　　**分子量**（$M+1$）：480

植物来源：*Aconitum kirinense* Nakai　吉林乌头

参考文献：冯锋，柳文媛，陈优生，等. 2003. 吉林乌头的化学成分研究. 中国药科大学学报，34（1）：17-20.

akirane 的 NMR 数据

位置	δ_C/ppm	δ_H/ppm（J/Hz）	位置	δ_C/ppm	δ_H/ppm（J/Hz）
1	82.0 d	3.06 t（8.7）	15	39.4 t	
2	26.6 t		16	83.2 d	3.18 br t（8.1）
3	31.3 t	2.44 dt（12.2, 4.2）	17	62.1 d	2.95 d（2.5）
4	81.4 s		19	56.3 t	3.50 dd（12.0, 0.9）
5	54.2 d				2.18 dd（12.0, 2.7）
6	83.0 d	3.95 br d（7.4）	21	48.6 t	
7	52.3 d		22	13.3 q	1.03 t（7.2）
8	74.3 s		1-OMe	57.8 q	3.38 s
9	44.5 d	2.89 t（4.7）	6-OMe	57.6 q	3.37 s
10	38.2 d		14-OMe	56.3 q	3.30 s
11	50.4 s		16-OMe	56.0 q	3.23 s
12	28.9 t		4-OAc	169.5 s	
13	46.2 d	2.20 dd（14.7, 11.9）		22.0 q	1.93 s
14	84.1 d	3.54 td（4.7, 1.6）			

注：溶剂 CDCl$_3$；^{13}C NMR：75 MHz；^{1}H NMR：300 MHz

化合物名称：akirine

分子式：$C_{22}H_{31}NO_6$　　　　　　　　　分子量（$M+1$）：406

植物来源：*Aconitum kirinense* Nakai　吉林乌头

参考文献：Nishanov A A，Tashkhodzhaev B，Usupova I M，et al. 1992. Alkaloids of *Aconitum kirinense*. Structure of akirine. Khimiya Prirodnykh Soedinenii，28（5）：466-469.

akirine 的 NMR 数据

位置	δ_C/ppm	δ_H/ppm（J/Hz）	位置	δ_C/ppm	δ_H/ppm（J/Hz）
1	77.6 d		12	25.0 t	
2	32.6 t		13	50.1 d	
3	57.8 d		14	84.7 d	
4	58.8 s		15	42.7 t	
5	46.4 d		16	85.3 d	
6	31.0 t		17	65.5 d	
7	45.4 d		19	53.7 t	
8	75.4 s		21	48.0 t	
9	88.0 s		22	13.5 q	
10	40.0 d		O—CH_2—O	98.4 t	
11	53.3 s		16-OMe	56.4 q	

注：溶剂 CDCl_3

化合物名称：contortumine

分子式：$C_{30}H_{41}NO_7$ 分子量（$M+1$）：528

植物来源：*Aconitum contortum* 苍山乌头

参考文献：Niitsu K，Ikeya Y，Mitsuhashi H，et al. 1990. Studies on the alkaloids from *Aconitum contortum*. Heterocycles，31（8）：1517-1524.

contortumine 的 NMR 数据

位置	δ_C/ppm	δ_H/ppm（*J*/Hz）	位置	δ_C/ppm	δ_H/ppm（*J*/Hz）
1	85.9 d		15	41.7 t	
2	26.4 t		16	83.5 d	
3	29.8 t		17	63.0 d	
4	36.5 d		19	50.2 t	
5	44.9 d		21	49.6 t	
6	29.3 t		22	13.5 q	
7	46.9 d		1-OMe	56.5 q	
8	74.0 s		16-OMe	58.2 q	
9	46.9 d		14-OCO	166.7 s	
10	42.5 d		1′	122.6 s	
11	48.7 s		2′，6′	131.7 d	
12	36.1 t		3′，5′	113.7 d	
13	76.5 s		4′	163.4 s	
14	80.3 d		4′-OMe	55.4 q	

注：溶剂 $CDCl_3$

化合物名称：delavaconine

分子式：$C_{22}H_{35}NO_5$　　　　　　　**分子量**（$M+1$）：394

植物来源：*Aconitum delavayi* Franch　马耳山乌头

参考文献：Jiang S H，Wang H Q，Li Y M，et al. 2007. Two new C_{18}-norditerpenoid alkaloids from *Aconitum delavayi*. Chinese Chemical Letters，18（4）：409-411.

delavaconine 的 NMR 数据

位置	δ_C/ppm	δ_H/ppm（J/Hz）	位置	δ_C/ppm	δ_H/ppm（J/Hz）
1	84.7 d		12	35.4 t	
2	28.9 t		13	77.1 s	
3	29.9 t		14	79.7 d	
4	36.3 d		15	42.4 t	
5	45.7 d		16	86.4 d	
6	26.0 t		17	63.4 d	
7	49.0 d		19	50.2 t	
8	73.2 s		21	49.7 t	
9	44.9 d		22	13.6 q	
10	39.7 d		1-OMe	56.6 q	
11	48.5 s		16-OMe	57.7 q	

注：溶剂 $CDCl_3$；^{13}C NMR：100 MHz

化合物名称：delavaconitine

分子式：$C_{29}H_{39}NO_6$ 分子量（$M+1$）：498

植物来源：*Aconitum delavayi* Franch 马耳山乌头

参考文献：Jiang S H，Hong S H，Zhou B N，et al. 1987. Studies on the Chinese drug，*Aconitum* Spp. XIV，studies on the chemical structure of delavaconitine. Acta Chimica Sinica，45（11）：1101-1106.

delavaconitine 的 NMR 数据

位置	δ_C/ppm	δ_H/ppm（J/Hz）	位置	δ_C/ppm	δ_H/ppm（J/Hz）
1	83.4 d		15	42.4 t	
2	29.2 t		16	85.7 d	
3	29.5 t		17	63.0 d	
4	36.3 d		19	50.2 t	
5	46.7 d		21	49.7 t	
6	26.1 t		22	13.4 q	1.08 t（7.0）
7	49.7 d		1-OMe	56.6 q	3.26 s
8	74.0 s		16-OMe	58.2 q	3.36 s
9	46.8 d		14-OCO	167.0 s	
10	41.6 d		1'	132.9 s	
11	48.5 s		2', 6'	130.1 d	7.48 m
12	35.9 t		3', 5'	129.7 d	8.04 m
13	76.4 s		4'	128.4 d	7.48 m
14	80.4 d	5.14 t（4.5）			

注：溶剂 $CDCl_3$

化合物名称：delavaconitine C

分子式：C$_{29}$H$_{39}$NO$_5$　　　　　　　**分子量**（$M+1$）：482

植物来源：*Aconitum delavayi* Franch　乌耳山乌头

参考文献：Jiang S H，Shen J K，Xue L Z，et al. 1989. Studies on the Chinese drug，Spp. XXIII. Alkaloids from *Aconitum delavayi* Franch. Acta Chimica Sinica，47（12）：1178-1181.

delavaconitine C 的 NMR 数据

位置	δ_C/ppm	δ_H/ppm（J/Hz）	位置	δ_C/ppm	δ_H/ppm（J/Hz）
1	81.8 d		15	41.1 t	
2	29.4 t		16	86.0 d	
3	29.8 t		17	62.7 d	
4	36.5 d		19	50.2 t	
5	45.1 d		21	49.5 t	
6	26.4 t		22	13.4 q	1.02 t（7）
7	45.2 d		1-OMe	55.9 q	3.12 s
8	74.0 s		16-OMe	56.4 q	3.22 s
9	46.7 d		14-OCO	166.5 s	
10	36.7 d		1′	130.4 s	
11	48.8 s		2′, 6′	129.4 d	
12	28.6 t		3′, 5′	128.3 d	
13	45.2 d		4′	132.6 d	
14	76.9 d	5.08 t（4.5）			

注：溶剂 CDCl$_3$；^{13}C NMR：100 MHz；^{1}H NMR：400 MHz

化合物名称：delavaconitine D

分子式：$C_{31}H_{41}NO_6$　　　　　　　　分子量（$M+1$）：524

植物来源：*Aconitum delavayi* Franch　乌耳山乌头

参考文献：Jiang S H，Shen J K，Xue L Z，et al. 1989. Studies on the Chinese drug，Spp. XXIII. Alkaloids from *Aconitum delavayi* Franch. Acta Chimica Sinica，47（12）：1178-1181.

delavaconitine D 的 NMR 数据

位置	δ_C/ppm	δ_H/ppm（J/Hz）	位置	δ_C/ppm	δ_H/ppm（J/Hz）
1	82.8 d		16	85.9 d	
2	29.1 t		17	62.3 d	
3	29.1 t		19	50.2 t	
4	36.2 d		21	49.4 t	
5	44.8 d		22	13.1 q	1.04 t（4.5）
6	26.1 t		1-OMe	56.4 q	3.20 s
7	41.6 d		16-OMe	56.4 q	3.30 s
8	75.4 s		8-OAc	169.7 s	
9	42.0 d			21.4 q	1.24 s
10	38.8 d		14-OCO	166.6 s	
11	48.7 s		1′	130.4 s	
12	28.6 t		2′, 6′	129.5 d	
13	44.8 d		3′, 5′	128.3 d	
14	75.4 d	4.94 t（4.5）	4′	132.8 d	
15	38.0 t				

注：溶剂 CDCl₃；¹³C NMR：100 MHz；¹H NMR：400 MHz

化合物名称：delavaconitine E

分子式：$C_{31}H_{41}NO_7$　　　　　　　分子量（$M+1$）：540

植物来源：*Aconitum delavayi* Franch　乌耳山乌头

参考文献：Jiang S H，Wang H Q，Li Y M，et al. 2007. Two new C₁₈-norditerpenoid alkaloids from *Aconitum delavayi*. Chinese Chemical Letters，18（4）：409-411.

delavaconitine E 的 NMR 数据

位置	δ_C/ppm	δ_H/ppm（J/Hz）	位置	δ_C/ppm	δ_H/ppm（J/Hz）
1	85.4 d		16	85.5 d	
2	29.1 t		17	62.7 d	
3	29.6 t		19	49.6 t	
4	36.3 d		21	49.7 t	
5	44.9 d		22	13.4 q	
6	26.4 t		1-OMe	56.3 q	
7	49.6 d		16-OMe	58.0 q	
8	75.4 s		14-OCO	167.0 s	
9	44.7 d		1′	133.3 s	
10	39.8 d		2′，6′	129.8 d	
11	48.6 s		3′，5	129.5 d	
12	35.3 t		4′	128.5 d	
13	77.2 s		13-OAc	169.8 s	
14	79.9 d			21.3 q	
15	42.2 t				

注：溶剂 CDCl₃；¹³C NMR：100 MHz

化合物名称：delavaconitine F

分子式：$C_{24}H_{37}NO_6$　　　　　　　　分子量（$M+1$）：436

植物来源：*Aconitum delavayi* Franch　乌耳山乌头

参考文献：Jiang S H，Wang H Q，Li Y M，et al. 2007. Two new C_{18}-norditerpenoid alkaloids from *Aconitum delavayi*. Chinese Chemical Letters，18（4）：409-411.

delavaconitine F 的 NMR 数据

位置	δ_C/ppm	δ_H/ppm（J/Hz）	位置	δ_C/ppm	δ_H/ppm（J/Hz）
1	85.5 d	3.10 m	12	36.8 t	2.15 m
2	29.1 t	2.15 m	13	77.0 s	
		1.97 m	14	81.1 d	4.87 d（4.9）
3	29.4 t	1.21 m	15	41.7 t	2.11 m
		1.41 m			2.56 m
4	36.3 d	1.74 m	16	83.9 d	3.29 m
5	46.6 d	1.78 m	17	62.4 d	3.03 s
6	26.0 t	1.34 m	19	50.5 t	2.13 m
		1.94 m			2.48 m
7	47.2 d	2.36 m	21	49.5 t	2.49 m
8	73.9 s		22	13.1 q	1.04 t（7.0）
9	44.6 d	2.52 t（7.1）	1-OMe	56.1 q	3.26 s
10	42.6 d	1.98 m	16-OMe	58.5 q	3.48 s
11	48.8 s		14-OAc	171.6 s	
12	36.8 t	1.98 m		21.0 q	2.07 s

注：溶剂 $CDCl_3$；^{13}C NMR：100 MHz；^1H NMR：400 MHz

化合物名称：delavaconitine G

分子式：C$_{31}$H$_{37}$NO$_8$ 分子量（$M+1$）：552

植物来源：*Aconitum delavayi* Franch 乌耳山乌头

参考文献：Jiang S H，Wang H Q，Li Y M，et al. 2007. Two new C$_{18}$-norditerpenoid alkaloids from *Aconitum delavayi*. Chinese Chemical Letters，18（4）：409-411.

delavaconitine G 的 NMR 数据

位置	δ_C/ppm	δ_H/ppm（J/Hz）	位置	δ_C/ppm	δ_H/ppm（J/Hz）
1	84.5 d	3.12 m	14	76.9 d	5.13 d（4.7）
2	29.8 t	2.05 m	15	42.4 t	2.10 m
		1.95 m			2.50 m
3	23.0 t	1.20 m	16	80.2 d	3.25 m
		1.55 m	17	61.6 d	3.20 s
4	49.0 d	1.82 m	19	164.5 d	7.44 s
5	39.0 d	1.71 m	1-OMe	56.2 q	3.22 s
6	24.7 t	1.50 m	16-OMe	58.1 q	3.38 s
		2.10 m	14-OCO	166.3 s	
7	47.6 d	2.40 m	1′	132.9 s	
8	83.4 s		2′, 6′	130.6 d	8.07 d（7.0）
9	42.4 d	2.58 m	3′, 5′	130.0 d	7.44 t（7.0）
10	41.4 d	2.05 m	4′	128.4 d	7.53 t（7.0）
11	48.1 s		8-OAc	169.1 s	
12	35.2 t	2.05 m		21.3 q	1.23 s
		2.15 m	13-OAc	170.1 s	
13	82.7 s			21.3 q	2.05 s

注：溶剂 CDCl$_3$；^{13}C NMR：100 MHz；^{1}H NMR：400 MHz

化合物名称：delphicrispuline

分子式：$C_{30}H_{42}N_2O_6$　　　　　　　　**分子量（M+1）**：527

植物来源：*Delphinium crispulum*

参考文献：Ulubelen A，Mericli A H，Mericli F，et al. 1998. Diterpenoid alkaloids from *Delphinium crispulum*. Phytochemistry，50（3）：513-516.

delphicrispuline 的 NMR 数据

位置	δ_C/ppm	δ_H/ppm（J/Hz）	位置	δ_C/ppm	δ_H/ppm（J/Hz）
1	82.5 d	3.20 d（9）	16	83.8 d	3.17 d（8）
2	24.4 t	1.50 m	17	62.0 d	3.02 s
		1.65 m	19	56.2 t	2.65 d（11）
3	34.6 t	1.62 m			3.60 d（11）
4	83.2 s		21	50.1 t	2.45 m
5	49.0 d	1.75 d（8）			2.74 m
6	26.2 t	1.60 m	22	11.2 q	1.07 t（7）
		1.90 m	1-OMe	56.2 q	3.32 s
7	47.2 d	2.45 d（7.5）	14-OMe	57.3 q	3.30 s
8	75.4 s		16-OMe	59.0 q	3.40 s
9	43.2 d	2.0 dd（4，10）	4-OCO	168.0 s	
10	38.4 d	1.85 m	1′	110.7 s	
11	47.2 s		2′	151.1 s	
12	24.0 t	1.60 m	3′	116.3 d	6.67 d（8）
		2.05 dd（4，8）	4′	135.6 d	7.28 dd（1.5，8）
13	48.2 d	2.30 m	5′	116.8 d	6.63 dd（1.5，8）
14	83.4 d	3.45 t（4.5）	6′	130.6 d	7.80 dd（1.5，8）
15	42.2 t	2.05 m	2′-NH₂		5.72 br s

注：溶剂 CDCl₃

化合物名称：demethyllappaconitine

分子式：C$_{31}$H$_{42}$N$_2$O$_8$ 分子量（$M+1$）：571

植物来源：*Aconitum orientale*

参考文献：Ulubelen A，Mericli A H，Mericli F，et al. 1996. Diterpenoid alkaloids from *Aconitum orientale*. Phytochemistry，41（3）：957-961.

demethyllappaconitine 的 NMR 数据

位置	δ_C/ppm	δ_H/ppm (J/Hz)	位置	δ_C/ppm	δ_H/ppm (J/Hz)
1	74.5 d	3.70 m	19	55.4 t	2.40
2	26.2 t	2.10			2.80
3	27.0 t	2.30	21	49.8 t	3.40
4	84.6 s		22	13.6 q	1.10 t
5	48.6 d	3.20	14-OMe	57.9 q	3.33 s
6	26.8 t	2.50	16-OMe	56.2 q	3.44 s
7	47.6 d	3.24	4-OCO	168.5 s	
8	75.8 s		1′	116.0 s	
9	78.7 s		2′	141.6 s	
10	36.5 d	2.85	3′	120.3 d	8.67 br d（8.0）
11	51.1 s		4′	134.6 d	7.95 dd（1.5，8.0）
12	24.2 t	2.92	5′	122.3 d	7.49 dd（1.5，8.0）
13	49.0 d	3.00	6′	131.0 d	7.06 br d（8.0）
14	90.2 d	3.45 t（4.5）	2′-NHAc		11.05 br s
15	44.8 t	3.30		169.2 s	
16	83.0 d	3.28 dd（3.0，9.0）		25.5 q	2.20 s
17	61.5 d	3.32			

注：溶剂 CDCl$_3$；^{13}C NMR：50 MHz；^{1}H NMR：200 MHz

化合物名称：deoxylappaconitine

分子式：$C_{32}H_{44}N_2O_7$　　　　　　　分子量（$M+1$）：569

植物来源：*Aconitum finetianum* Hand-Mazz　赣皖乌头

参考文献：Jiang S H，Hong S H，Song B Z，et al. 1988. Studies on the Chinese drug，Aconitum Spp. XXII. Alkaloids from *Aconitum finetianum* Hand-Mazz. Acta Chimica Sinica，46（1）：26-29.

deoxylappaconitine 的 NMR 数据

位置	δ_C/ppm	δ_H/ppm（J/Hz）	位置	δ_C/ppm	δ_H/ppm（J/Hz）
1	84.3 d		19	55.0 t	
2	26.8 t		21	48.8 t	1.08 t（7）
3	32.0 t		22	13.5 q	
4	84.3 s		1-OMe	56.5 q	3.24 s
5	46.5 d		14-OMe	57.7 q	3.28 s
6	29.2 t		16-OMe	56.2 q	3.36 s
7	46.2 d		4-OCO	167.4 s	
8	74.1 s		1′	115.8 s	
9	45.4 d		2′	141.7 s	
10	37.0 d		3′	120.2 d	8.68 t（8）
11	50.7 s		4′	134.4 d	7.90 t（8）
12	25.1 t		5′	122.3 d	7.42 d（8）
13	49.6 d		6′	131.0 d	7.00 d（8）
14	84.1 d	3.68 t（4.5）	2′-NHAc		11.04 s
15	42.0 t			168.9 s	
16	82.6 d			25.5 q	2.18 s
17	61.3 d				

注：溶剂 CDCl$_3$；^{13}C NMR：100 MHz；^{1}H NMR：400 MHz

化合物名称：dolaconine

分子式：C$_{24}$H$_{37}$NO$_5$　　　　　　　**分子量**（$M+1$）：420

植物来源：*Aconitum campylorrhynchum* Hand-Mazz　弯喙乌头

参考文献：丁立生，陈维新. 1990. 弯喙乌头的化学成分研究. 药学学报，25（16）：441-444.

dolaconine 的 NMR 数据

位置	δ_C/ppm	δ_H/ppm（J/Hz）	位置	δ_C/ppm	δ_H/ppm（J/Hz）
1	85.5 d		13	41.2 d	
2	28.8 t		14	76.7 d	
3	35.9 t		15	29.2 t	
4	35.6 d		16	81.8 d	
5	45.0 d		17	62.3 d	
6	28.5 t		19	50.0 t	
7	46.3 d		21	49.3 t	
8	73.7 s		22	13.0 q	
9	44.7 d		1-OMe	56.1 q	
10	36.4 d		16-OMe	56.2 q	
11	48.6 s		14-OAc	170.5 s	
12	26.0 t			21.1 q	

注：溶剂 CDCl$_3$

化合物名称：episcopalisine

分子式：C$_{29}$H$_{39}$NO$_6$　　　　　　　　**分子量（$M+1$）**：498

植物来源：*Aconitum episcopale*　紫乌头

参考文献：王锋鹏，方起程. 1983. 紫乌头生物碱的化学研究. 药学学报，18（7）：514-521.

episcopalisine 的 NMR 数据

位置	δ_C/ppm	δ_H/ppm（J/Hz）	位置	δ_C/ppm	δ_H/ppm（J/Hz）
1	86.1 d		15	41.3 t	
2	25.9 t		16	83.5 d	
3	35.7 t		17	63.1 d	
4	36.1 d		19	50.1 t	
5	46.9 d		21	49.7 t	
6	29.1 t		22	13.1 q	
7	44.9 d		1-OMe	56.7 q	
8	76.7 s		16-OMe	58.3 q	
9	74.3 s		14-OCO	167.3 s	
10	36.1 d		1′	130.4 s	
11	48.9 s		2′, 6′	130.0 d	
12	29.7 t		3′, 5′	128.7 d	
13	42.1 d		4′	133.3 d	
14	80.8 d				

注：溶剂 CDCl$_3$；^{13}C NMR：50 MHz

化合物名称：episcopalisinine

分子式：$C_{22}H_{35}NO_5$　　　　　　　　**分子量**（$M+1$）：394

植物来源：*Aconitum episcopale*　　紫乌头

参考文献：王锋鹏，方起程. 1983. 紫乌头生物碱的化学研究. 药学学报，18（7）：514-521.

episcopalisinine 的 NMR 数据

位置	δ_C/ppm	δ_H/ppm（*J*/Hz）	位置	δ_C/ppm	δ_H/ppm（*J*/Hz）
1	85.8 d		12	29.6 t	
2	25.5 t		13	52.7 d	
3	35.1 t		14	79.9 d	
4	35.9 d		15	39.5 t	
5	45.5 d		16	84.1 d	
6	28.5 t		17	63.5 d	
7	44.7 d		19	53.9 t	
8	77.3 s		21	50.5 t	
9	73.5 s		22	13.1 q	
10	41.9 d		1-OMe	56.5 q	
11	47.9 s		16-OMe	57.5 q	

注：溶剂 CDCl$_3$；^{13}C NMR：50 MHz

化合物名称：episcopalitine

分子式：$C_{24}H_{37}NO_5$ 　　　　　　**分子量**（$M+1$）：420

植物来源：*Aconitum episcopale* 　紫乌头

参考文献：王锋鹏，方起程. 1983. 紫乌头生物碱的化学研究. 药学学报，18（7）：514-521.

episcopalitine 的 NMR 数据

位置	δ_C/ppm	δ_H/ppm（J/Hz）	位置	δ_C/ppm	δ_H/ppm（J/Hz）
1	86.1 d		13	44.7 d	
2	26.3 t		14	77.6 d	
3	36.8 t		15	41.4 t	
4	35.3 d		16	81.9 d	
5	49.5 d		17	62.9 d	
6	28.3 t		19	56.0 t	
7	48.7 d		21	50.3 t	
8	73.9 s		22	13.1 q	
9	46.3 d		1-OMe	56.0 q	
10	35.5 d		16-OMe	56.5 q	
11	50.3 s		14-OAc	171.5 s	
12	29.1 t			21.1 q	

注：溶剂 $CDCl_3$；^{13}C NMR：50 MHz

化合物名称：excelsine

分子式：C$_{22}$H$_{33}$NO$_6$　　　　　　　　**分子量**（$M+1$）：408

植物来源：*Aconitum sinomontanum* Nakai　高乌头

参考文献：彭崇胜，陈东林，陈巧鸿，等. 2005. 高乌头根中新的二萜生物碱. 有机化学，25（10）：1235-1239.

excelsine 的 NMR 数据

位置	δ_C/ppm	δ_H/ppm（J/Hz）	位置	δ_C/ppm	δ_H/ppm（J/Hz）
1	77.3 d		12	27.3 t	
2	32.1 t		13	36.2 d	
3	57.7 d		14	89.9 d	
4	58.7 s		15	44.8 t	
5	47.3 d		16	82.7 d	
6	24.2 t		17	64.7 d	
7	44.4 d		19	53.8 t	
8	75.8 s		21	47.6 t	
9	77.1 s		22	13.3 q	
10	47.3 d		14-OMe	57.8 q	
11	53.7 s		16-OMe	56.1 q	

注：溶剂 CDCl$_3$；^{13}C NMR：50 MHz

化合物名称：kiritine

分子式：$C_{23}H_{35}NO_6$　　　　　　　分子量（$M+1$）：422

植物来源：*Aconitum kirinense* Nakai　吉林乌头

参考文献：冯锋，刘静涵. 1994. 吉林乌头生物碱成分研究. 中国药科大学学报，25（5）：319-320.

kiritine 的 NMR 数据

位置	δ_C/ppm	δ_H/ppm（J/Hz）	位置	δ_C/ppm	δ_H/ppm（J/Hz）
1	77.7 d		13	43.2 d	
2	32.2 t		14	83.2 d	
3	57.9 d		15	40.2 t	
4	58.1 s		16	82.3 d	
5	44.5 d		17	65.9 d	
6	84.6 d		19	54.9 t	
7	53.0 d		21	47.9 t	
8	75.3 s		22	13.4 q	
9	48.9 d		6-OMe	58.8 q	
10	38.0 d		14-OMe	58.7 q	
11	53.8 s		16-OMe	56.4 q	
12	30.9 t				

注：溶剂 $CDCl_3$

化合物名称：lappaconidine

分子式：C$_{22}$H$_{35}$NO$_6$　　　　　　　　　**分子量（$M+1$）**：410

植物来源：*Aconitum septentrionale*

参考文献：Ross S A，Pelletier S W，Aasen J A. 1992. New norditerpenoid alkaloids from *Aconitum septentrionale*. Tetrahedron，48（7）：1183-1192.

lappaconidine 的 NMR 数据

位置	δ_C/ppm	δ_H/ppm（J/Hz）	位置	δ_C/ppm	δ_H/ppm（J/Hz）
1	72.2 d		12	22.9 t	
2	29.6 t		13	36.1 d	
3	33.2 t		14	90.1 d	
4	70.2 s		15	44.7 t	
5	46.2 d		16	82.7 d	
6	27.2 t		17	62.7 d	
7	46.7 d		19	60.2 t	
8	76.0 s		21	48.0 t	
9	77.3 s		22	12.9 q	
10	48.2 d		14-OMe	57.8 q	
11	50.1 s		16-OMe	56.0 q	

注：溶剂 CDCl$_3$

化合物名称：lappaconine

分子式：$C_{23}H_{37}NO_6$ 分子量（$M+1$）：424

植物来源：*Aconitum septentrionale*

参考文献：Ross S A，Pelletier S W，Aasen J A. 1992. New norditerpenoid alkaloids from *Aconitum septentrionale*. Tetrahedron，48（7）：1183-1192.

lappaconine 的 NMR 数据

位置	δ_C/ppm	δ_H/ppm（J/Hz）	位置	δ_C/ppm	δ_H/ppm（J/Hz）
1	85.0 d		13	36.1 d	
2	26.4 t		14	90.1 d	
3	37.1 t		15	44.7 t	
4	70.9 s		16	82.9 d	
5	50.7 d		17	61.7 d	
6	26.8 t		19	57.8 t	
7	47.5 d		21	48.9 t	
8	75.6 s		22	13.4 q	
9	78.5 s		1-OMe	56.0 q	
10	49.5 d		14-OMe	57.9 q	
11	50.8 s		16-OMe	56.5 q	
12	23.5 t				

注：溶剂 $CDCl_3$

化合物名称：lappaconitine

分子式：$C_{32}H_{44}N_2O_8$　　　　　　　　分子量（$M+1$）：585

植物来源：*Aconitum sinomontanum* Nakai　高乌头

参考文献：彭崇胜，王建忠，简锡贤，等. 2000. 高乌头和彭州岩乌头中生物碱成分的研究. 天然产物研究与开发，12（4）：45-51.

lappaconitine 的 NMR 数据

位置	δ_C/ppm	δ_H/ppm（J/Hz）	位置	δ_C/ppm	δ_H/ppm（J/Hz）
1	84.2 d		17	61.5 d	
2	26.2 t		19	55.5 t	
3	31.9 t		21	48.9 t	
4	84.7 s		22	13.5 q	1.13 t（7.1）
5	48.6 d		1-OMe	56.5 q	3.29 s
6	26.8 t		14-OMe	57.9 q	3.30 s
7	47.6 d		16-OMe	56.1 q	3.39 s
8	75.6 s		4-OCO	167.7 s	
9	78.6 s		1′	115.9 s	
10	49.7 d		2′	141.8 s	
11	51.0 s		3′	120.4 d	7.91 d（8.0）
12	24.2 t		4′	134.6 d	7.48 t（7.6）
13	36.1 t		5′	122.6 d	7.01 t（7.6）
14	90.2 d		6′	131.3 d	8.65 d（8.0）
15	44.9 t		2′-NHAc	169.5 s	
16	82.9 d			25.6 q	2.21 s

注：溶剂 CDCl₃；¹³C NMR：50 MHz；¹H NMR；200 MHz

化合物名称：liconosine A

分子式：$C_{20}H_{29}NO_4$　　　　　　　　　分子量（$M+1$）：348

植物来源：*Aconitum forrestii* Stapf　丽江乌头

参考文献：Chen S Y，Qiu L G. 1989. A new diterpenoid alkaloid from *Aconitum forrestii*. Acta Botanica Yunnanica，11（3）：267-270.

liconosine A 的 NMR 数据

位置	δ_C/ppm	δ_H/ppm（J/Hz）	位置	δ_C/ppm	δ_H/ppm（J/Hz）
1	80.6 d		11	48.8 s	
2	20.7 t		12	26.9 t	
3	20.8 t		13	43.2 d	
4	38.4 d		14	75.0 d	
5	54.3 d		15	38.7 t	
6	26.7 t		16	80.9 d	
7	43.7 d		17	60.8 d	
8	72.0 s		19	175.0 d	
9	45.3 d		1-OMe	56.7 q	
10	37.3 d		16-OMe	56.7 q	

注：溶剂 $CDCl_3$

化合物名称：monticamine

分子式：C$_{22}$H$_{33}$NO$_5$　　　　　　　　分子量（$M+1$）：392

植物来源：*Aconitum monticola*　　山地乌头

参考文献：Ametova E F，Yunusov M S，Bannikova V E，et al. 1981. Structure of monticamine and monticoline. Khimiya Prirodnykh Soedinenii，17（4）：345-348.

monticamine 的 NMR 数据

位置	δ_C/ppm	δ_H/ppm（J/Hz）	位置	δ_C/ppm	δ_H/ppm（J/Hz）
1	77.0 d		12	30.6 t	
2	32.3 t		13	42.3 d	
3	57.7 d		14	84.6 d	
4	58.7 s		15	42.8 t	
5	46.3 d		16	82.6 d	
6	25.9 t		17	64.5 d	
7	45.5 d		19	57.7 t	
8	74.4 s		21	47.6 t	
9	45.3 d		22	13.3 q	
10	37.2 d		14-OMe	57.6 q	
11	53.6 s		16-OMe	56.1 q	

注：溶剂 CDCl$_3$

化合物名称：*N*-acetylsepaconitine

分子式：$C_{32}H_{44}N_2O_9$　　　　　　　分子量（$M+1$）：601

植物来源：*Aconitum leucostomum* Worosch　白喉乌头

参考文献：Tel'nov V A，Yunusov M S，Abdullaev N D，et al. 1988. *N*-acetylsepaconitine，a new alkaloid from *Aconitum leucostomum*. Khimiya Prirodnykh Soedinenii，4：556-559.

N-acetylsepaconitine 的 NMR 数据

位置	δ_C/ppm	δ_H/ppm（J/Hz）	位置	δ_C/ppm	δ_H/ppm（J/Hz）
1	77.8 d		17	61.5 d	
2	26.5 t		19	55.6 t	
3	31.6 t		21	48.5 t	
4	84.7 s		22	13.4 q	
5	44.3 d		1-OMe	56.3 q	
6	24.5 t		14-OMe	58.0 q	
7	46.9 d		16-OMe	56.2 q	
8	74.6 s		4-OCO	167.4 s	
9	78.9 s		1'	115.8 s	
10	79.6 s		2'	141.7 s	
11	56.4 s		3'	120.3 d	
12	37.5 t		4'	134.4 d	
13	34.7 d		5'	122.8 d	
14	87.9 d		6'	131.0 d	
15	44.8 t		NHAc	169.1 s	
16	82.8 d			25.5 q	

注：溶剂 $CDCl_3$

化合物名称：*N*-deacetyllappaconitine

分子式：C$_{30}$H$_{42}$N$_2$O$_7$　　　　　　　分子量（*M*＋1）：543

植物来源：*Aconitum barbatum* var. *puberulum*　牛扁

参考文献：Yu D Q，Das B C. 1983. Alkaloids of *Aconitum barbatum*. Planta Medica，49：85-89.

N-deacetyllappaconitine 的 NMR 数据

位置	δ$_C$/ppm	δ$_H$/ppm（*J*/Hz）	位置	δ$_C$/ppm	δ$_H$/ppm（*J*/Hz）
1	83.2 d	3.20 dd（9，6）	16	83.1 d	3.20 dd（9.6）
2	26.3 t		17	61.7 d	3.00 s
3	32.1 t		19	55.8 t	
4	84.5 s		21	50.0 t	
5	48.9 d		22	13.6 q	1.12 t（7）
6	26.9 t		1-OMe	56.5 q	3.30 s
7	47.7 d		14-OMe	58.0 q	3.32 s
8	75.8 s		16-OMe	56.2 q	3.42 s
9	78.7 s		4-OCO	167.7 s	
10	36.5 d		1′	112.2 s	
11	51.0 s		2′	150.7 s	
12	24.1 t		3′	116.8 d	
13	49.1 d		4′	134.0 d	
14	90.4 d	3.46 d（5）	5′	116.4 d	
15	44.9 t		6′	131.8 d	

注：溶剂 CDCl$_3$；^{13}C NMR：100 MHz；^{1}H NMR：400 MHz

化合物名称：oxolappaconine

分子式：$C_{23}H_{35}NO_7$ 分子量（$M+1$）：438

植物来源：*Aconitum septentrionale* Koelle

参考文献：Srivastava S K. 1990. C_{19}-diterpenoid alkaloids from *Aconitum septentrionale*. Fitoterapia，LXI（1）：189.

oxolappaconine 的 NMR 数据

位置	δ_C/ppm	δ_H/ppm（J/Hz）	位置	δ_C/ppm	δ_H/ppm（J/Hz）
1	82.6 d		13	36.0 d	
2	25.2 t		14	89.4 d	
3	34.5 t		15	44.0 t	
4	77.3 s		16	82.0 d	
5	50.0 d		17	61.9 d	
6	27.0 t		19	173.3 s	
7	46.0 d		21	41.2 t	
8	74.2 s		22	13.1 q	
9	76.5 s		1-OMe	56.1 q	
10	49.6 d		14-OMe	57.9 q	
11	53.9 s		16-OMe	55.7 q	
12	24.8 t				

注：溶剂 $CDCl_3$；^{13}C NMR：22.5 MHz

化合物名称：piepunendine A

分子式：C$_{20}$H$_{29}$NO$_5$　　　　　　　　**分子量（$M+1$）**：364

植物来源：*Aconitum piepunense*　中甸乌头

参考文献：Cai L，Chen D L，Wang F P. 2006. Two new C$_{18}$-diterpenoid alkaloids from *Aconitum piepunense*. Natural Product Communications，1（3）：191-194.

piepunendine A 的 NMR 数据

位置	δ_C/ppm	δ_H/ppm（J/Hz）	位置	δ_C/ppm	δ_H/ppm（J/Hz）
1	84.4 d	3.30 m	11	46.8 s	
2	25.8 t	1.45 m	12	27.1 t	1.67 m
		2.09 m			1.88 m
3	29.9 t	1.36 m	13	45.7 d	2.45 m
		2.21 m	14	75.1 d	4.17 q（4.8）
4	49.2 d	2.52 br s	15	37.2 t	2.36 m
5	37.2 d	1.83 m			2.12 m
6	25.9 t	1.82 m	16	81.9 d	3.46 m
		2.20 m	17	55.8 d	3.64 d（4.4）
7	55.8 d	2.08 m	19	174.3 s	
8	71.6 s		1-OMe	56.4 q	3.28 s
9	45.8 d	2.36 m	16-OMe	56.1 q	3.36 s
10	42.9 d	2.11 m			

注：溶剂 CDCl$_3$；^{13}C NMR：100 MHz；^{1}H NMR：400 MHz

化合物名称：piepunendine B

分子式：$C_{30}H_{43}NO_5$　　　　　　分子量（$M+1$）：498

植物来源：*Aconitum piepunense*　中甸乌头

参考文献：Cai L，Chen D L，Wang F P. 2006. Two New C_{18}-diterpenoid alkaloids from *Aconitum piepunense*. Natural Product Communications，1（3）：191-194.

piepunendine B 的 NMR 数据

位置	δ_C/ppm	δ_H/ppm（J/Hz）	位置	δ_C/ppm	δ_H/ppm（J/Hz）
1	86.3 d	3.08 m	15	29.9 t	1.64 m
2	26.5 t	1.80 m	16	82.4 d	3.30 m
		2.20 m	17	62.9 d	2.85 br s
3	35.0 t	1.92 m	19	50.2 t	2.43ABq（11.2）
		2.10 m			2.62ABq（11.2）
4	40.9 d	2.46 m	21	49.6 t	2.40 m
5	39.2 d	1.82 m			2.46 m
6	28.2 t	1.13 m	22	13.5 q	1.05 t（7.2）
		1.85 m	1-OMe	56.4 q	3.26 s
7	45.8 d	2.19 m	16-OMe	56.1 q	3.25 s
8	78.5 s		1′	130.6 s	
9	45.6 d	2.28 t（6.0）	2′, 6′	129.8 d	7.04AA′BB′（11.2）
10	36.7 d	1.69 m	3′, 5′	115.4 d	6.78AA′BB′（11.2）
11	48.9 s		4′	154.8 s	
12	28.9 t	1.92 m	7′	36.1 t	2.68 m
		2.17 m			2.70 m
13	45.4 d	2.06 m	8′	62.2 t	3.47 m
14	75.0 d	3.97 t（4.4）			3.51 m
15	29.9 t	1.70 m			

注：溶剂 $CDCl_3$；^{13}C NMR：100 MHz；^1H NMR：400 MHz

化合物名称：scopaline

分子式：$C_{21}H_{33}NO_4$　　　　　　**分子量**（$M+1$）：364

植物来源：*Aconitum episcopale*　紫乌头

参考文献：杨崇仁，王德祖，吴大刚，等. 1981. 几个新乌头碱型-二萜生物碱的 ^{13}C 核磁共振谱研究. 化学学报，39（5）：445-452.

scopaline 的 NMR 数据

位置	δ_C/ppm	δ_H/ppm（J/Hz）	位置	δ_C/ppm	δ_H/ppm（J/Hz）
1	72.5 d		12	28.7 t	
2	28.7 t		13	44.1 d	
3	29.7 t		14	75.7 d	
4	33.3 d		15	42.5 t	
5	41.2 d		16	82.4 d	
6	23.8 t		17	64.0 d	
7	45.4 d		19	54.0 t	
8	74.4 s		21	48.6 t	
9	46.6 d		22	12.9 q	
10	41.0 d		16-OMe	56.3 q	
11	47.9 s				

注：溶剂 CDCl₃；^{13}C NMR：22.63 MHz

化合物名称：sepaconitine

分子式：$C_{30}H_{42}N_2O_8$　　　　　　　**分子量（$M+1$）**：559

植物来源：*Aconitum septentrionale*

参考文献：Usmanova S K，Tel'nov V A，Yunusov M S，et al. 1987. Sepaconitine，a new alkaloid from *Aconitum septentrionale*. Khimiya Prirodnykh Soedinenii，23（6）：879-883.

sepaconitine 的 NMR 数据

位置	δ_C/ppm	δ_H/ppm（J/Hz）	位置	δ_C/ppm	δ_H/ppm（J/Hz）
1	78.1 d		16	83.0 d	
2	26.7 t		17	61.6 d	
3	31.9 t		19	55.9 t	
4	83.1 s		21	48.9 t	
5	44.7 d		22	13.5 q	1.08 t（7.0）
6	24.5 t		1-OMe	56.2 q	3.27 s
7	47.1 d		14-OMe	58.1 q	3.28 s
8	74.8 s		16-OMe	56.2 q	3.38 s
9	79.8 s		4-OCO	167.4 s	
10	79.1 s		1′	112.1 s	
11	56.4 s		2′	150.6 s	
12	37.6 t		3′	116.3 d	
13	34.8 d		4′	133.9 d	6.55～7.68 m
14	88.0 d		5′	116.9 d	
15	44.9 t		6′	131.9 d	

注：溶剂 $CDCl_3$

化合物名称：sinaconitine B

分子式：$C_{32}H_{42}N_2O_9$　　　　　分子量（$M+1$）：599

植物来源：*Aconitum sinomontanum* NaKai　高乌头

参考文献：Tan J J，Tan C H，Ruan B Q，et al. 2006. Two new 18-carbon norditerpenoid alkaloids from *Aconitum sinomontanum*. Journal of Asian Natural Products Research，8（6）：535-539.

sinaconitine B 的 NMR 数据

位置	δ_C/ppm	δ_H/ppm（J/Hz）	位置	δ_C/ppm	δ_H/ppm（J/Hz）
1	81.2 d	3.24 dd（11.8，6.4）	16	83.0 d	3.29 m
2	26.4 t	1.50 m	17	58.9 d	3.93 br s
		2.29 m	19	47.3 t	4.92 d（14.5）
3	31.7 t	2.59 m			3.16 d（14.5）
		1.88 m	21	169.3 s	
4	82.7 s		22	22.5 q	2.18 s
5	47.3 d	2.59 m	1-OMe	55.9 q	3.26 s
6	24.6 t	1.88 m	14-OMe	58.1 q	3.43 s
		2.81 m	16-OMe	56.4 q	3.31 s
7	53.8 d	1.99 m	4-OCO	167.2 s	
8	75.4 s		1′	115.3 s	
9	78.0 s		2′	142.0 s	
10	49.9 d	2.21 m	3′	120.4 d	8.68 d（8.5）
11	51.1 s		4′	134.7 d	7.50 dd（8.5，7.7）
12	25.5 t	2.43 m	5′	122.4 d	7.02 dd（8.0，7.7）
		1.99 m	6′	131.0 d	7.91 d（8.0）
13	36.9 d	2.43 m	NHAc	169.2 s	
14	90.0 d	3.48 d（4.5）		25.6 q	2.23 s
15	44.9 t	2.48 dd（14.1，7.3）	NH		11.0 br s
		2.15 dd（14.1，8.5）			

注：溶剂 CDCl₃；¹³C NMR：125 MHz；¹H NMR：500 MHz

化合物名称：sinomontanine N

分子式：$C_{22}H_{34}NO_6Cl$　　　　　　分子量（$M+1$）：443.5

植物来源：*Aconitum sinomontanum* NaKai　高乌头

参考文献：Zhang Q，Tan J J，Chen X Q，et al. 2017. Two novel C_{18}-diterpenoid alkaloids，sinomontadine with an unprecedented seven-membered ring A and chloride-containing sinomontanine N from *Aconitum sinomontanum*. Tetrahedron Letters，58（18）：1717-1720.

sinomontanine N 的 NMR 数据

位置	δ_C/ppm	δ_H/ppm（J/Hz）	位置	δ_C/ppm	δ_H/ppm（J/Hz）
1	67.3 d	3.74 br s	12	26.3 t	1.86 m
2	37.0 t	2.74 d（13.7）	13	35.9 d	2.27 dd（6.3，4.3）
		1.90 m	14	89.5 d	3.27 d（4.3）
3	75.0 d	3.86 br s	15	42.8 t	1.96 dd（13.7，8.3）
4	79.6 s				2.12 dd（13.7，8.5）
5	41.5 d	2.59 d（7.2）	16	82.8 d	3.22 t（8.3）
6	24.3 t	1.40 dd（14.5，8.3）	17	60.9 d	2.53 s
		2.71 m	19	56.0 t	2.69 d（11.3）
7	45.9 d	1.92 m			2.45 d（11.3）
8	74.0 s		21	47.6 t	2.39 m
9	77.1 s		22	13.0 q	0.97 t（7.0）
10	45.0 d	2.47 dd（12.1，4.5）	14-OMe	57.2 q	3.25 s
11	53.6 s		16-OMe	55.4 q	3.17 s
12	26.3 t	1.18 dd（14.3，4.5）			

注：溶剂 DMSO-D$_6$；^{13}C NMR：150 MHz；^{1}H NMR：600 MHz

化合物名称：sinomontanine E

分子式：C$_{22}$H$_{35}$NO$_7$ 　　　　　　　**分子量**（$M+1$）：426

植物来源：*Aconitum sinomontanum* Nakai 　高乌头

参考文献：彭崇胜，王锋鹏，王建忠，等. 2000. 两个新的双去甲二萜生物碱高乌宁碱丁和高乌宁碱戊的结构研究. 药学学报，35（3）：201-203.

sinomontanine E 的 NMR 数据

位置	δ_C/ppm	δ_H/ppm（J/Hz）	位置	δ_C/ppm	δ_H/ppm（J/Hz）
1	70.1 d		12	25.6 t	
2	40.5 t		13	36.3 d	
3	74.9 d		14	90.1 d	
4	79.6 s		15	44.8 t	
5	44.1 d		16	82.7 d	
6	26.3 t		17	61.6 d	
7	45.0 d		19	57.3 t	
8	75.7 s		21	48.4 t	
9	78.1 s		22	13.1 q	1.11 t（7.2）
10	48.8 d		14-OMe	57.8 q	3.31 s
11	52.1 s		16-OMe	56.1 q	3.40 s

注：溶剂 CDCl$_3$；^{13}C NMR：100 MHz；^{1}H NMR：400 MHz

化合物名称： vilmorine D

分子式： $C_{31}H_{43}NO_7$ **分子量（M + 1）：** 542

植物来源： *Aconitum vilmorinianum* Kom   黄草乌

参考文献： Yin T P，Cai L，Fang H X，et al. 2015. Diterpenoid alkaloids from *Aconitum vilmorinianum*. Phytochemistry，116（1）：314-319.

vilmorine D 的 NMR 数据

位置	δ_C/ppm	δ_H/ppm（J/Hz）	位置	δ_C/ppm	δ_H/ppm（J/Hz）
1	86.1 d	3.15 d	15	41.4 t	2.47 m
2	26.6 t	2.19 m	16	82.0 d	3.30 m
		2.00 m	17	62.8 d	2.96 m
3	28.7 t	1.98 m	19	50.3 t	2.60 m
		2.21 m			2.48 m
4	36.7 d	1.66 m	21	49.6 t	2.42 m
5	45.4 d	1.76 m			2.51 m
6	29.4 t	2.07 m	22	13.6 q	1.08 t（7.2）
		1.34 m	1-OMe	56.5 q	3.30 s
7	46.9 d	2.20 m	16-OMe	55.8 q	3.21 s
8	74.2 s		14-OCO	166.2 s	
9	45.3 d	2.45 m	1′	123.0 s	
10	45.3 d	1.90 m	2′	112.0 d	7.58 s
11	48.9 s		3′	148.6 s	
12	29.9 t	1.79 m	4′	152.8 s	
		1.43 m	5′	110.3 d	6.88 d（8.4）
13	37.0 d	2.60 m	6′	123.5 d	7.64 d（8.4）
14	76.6 d	5.14 t（7.2）	3′-OMe	56.0 q	3.92 s
15	41.4 t	2.05 m	4′-OMe	56.0 q	3.92 s

注：溶剂 CDCl₃；¹³C NMR：100 MHz；¹H NMR：400 MHz

化合物名称：weisaconitine A

分子式：C$_{26}$H$_{41}$NO$_5$　　　　　　　　分子量（$M+1$）：448

植物来源：*Aconitum weixiense*

参考文献：Zhao D K，Ai H L，Zi S H，et al . 2013. Four new C$_{18}$-diterpenoid alkaloids with analgesic activity from *Aconitum weixiense*. Fitoterapia，91：280-283.

weisaconitine A 的 NMR 数据

位置	δ_C/ppm	δ_H/ppm（J/Hz）	位置	δ_C/ppm	δ_H/ppm（J/Hz）
1	85.8 d	3.18 dd（10.2，6.4）	14	75.0 d	4.74 t（4.3）
2	28.3 t	1.43 m	15	29.6 t	2.07 m
		2.07 m			2.40 m
3	36.7 t	2.02 m	16	81.3 d	3.35 m
		2.43 m	17	61.1 d	2.90 br s
4	35.8 d	1.63 m	19	51.0 t	2.48 d（10.2）
5	44.8 d	2.08 m			2.57 d（10.2）
6	27.3 t	1.44 m	21	49.3 t	2.41 m
		2.09 m			2.55 m
7	46.7 d	2.10 m	22	12.9 q	1.06 t（7.0）
8	77.7 s		8-OEt	56.3 t	3.18 m
9	44.3 d	2.57 m		16.0 q	1.12 t（6.8）
10	38.2 d	2.38 m	1-OMe	56.1 q	3.26 s
11	49.0 s		16-OMe	56.6 q	3.34 s
12	26.5 t	1.92 m	14-OAc	170.8 s	
		2.15 m		21.2 q	2.00 s
13	40.9 d	2.18 m			

注：溶剂 CDCl$_3$；^{13}C NMR：100 MHz；^{1}H NMR：400 MHz

化合物名称：weisaconitine B

分子式：$C_{22}H_{35}NO_5$　　　　　　　分子量（$M+1$）：394

植物来源：*Aconitum weixiense*

参考文献：Zhao D K，Ai H L，Zi S H，et al. 2013. Four new C_{18}-diterpenoid alkaloids with analgesic activity from *Aconitum weixiense*. Fitoterapia，91：280-283.

weisaconitine B 的 NMR 数据

位置	δ_C/ppm	δ_H/ppm（J/Hz）	位置	δ_C/ppm	δ_H/ppm（J/Hz）
1	78.6 d	3.77 dd（10.0，6.2）	13	38.1 d	1.92 m
2	29.6 t	1.32 m	14	74.1 d	4.73 t（4.2）
		2.02 m	15	40.1 t	2.01 m
3	34.6 t	1.36 m			2.43 m
		1.70 m	16	81.6 d	3.36 m
4	36.2 d	1.73 m	17	64.4 d	2.94 br s
5	41.3 d	1.75 m	19	50.0 t	2.34 d（10.4）
6	26.0 t	1.96 m			2.57 d（10.4）
		2.14 m	21	49.7 t	2.40 m
7	45.2 d	2.16 s			2.45 m
8	72.4 s		22	13.6 q	1.04 t（7.0）
9	56.1 d	2.12 d（4.2）	1-OMe	56.0 q	3.25 s
10	81.1 s		16-OMe	56.4 q	3.32 s
11	53.8 s				
12	37.7 t	2.35 m			
		2.47 m			

注：溶剂 $CDCl_3$；^{13}C NMR：100 MHz；^1H NMR：400 MHz

化合物名称：weisaconitine C

分子式：$C_{22}H_{33}NO_4$　　　　　　　分子量（$M+1$）：376

植物来源：*Aconitum weixiense*

参考文献：Zhao D K，Ai H L，Zi S H，et al. 2013. Four new C_{18}-diterpenoid alkaloids with analgesic activity from *Aconitum weixiense*. Fitoterapia，91：280-283.

weisaconitine C 的 NMR 数据

位置	δ_C/ppm	δ_H/ppm（J/Hz）	位置	δ_C/ppm	δ_H/ppm（J/Hz）
1	85.5 d	3.19 dd（10.4, 6.0）	12	25.4 t	1.98 m
2	27.9 t	1.37 m	13	43.8 d	2.47 m
		2.13 m	14	216.5 s	
3	37.2 t	1.75 m	15	29.2 t	2.09 m
		1.84 m			2.47 m
4	36.0 d	1.58 m	16	86.4 d	3.34 m
5	45.1 d	1.73 m	17	64.2 d	2.79 br s
6	26.1 t	1.63 m	19	49.6 t	2.38 d（10.2）
		1.94 m			2.53 d（10.2）
7	46.0 d	2.23 m	21	48.8 t	2.43 m
8	83.0 s				2.47 m
9	55.4 d	2.31 m	22	13.6 q	1.07 t（6.9）
10	46.2 d	1.97 m	1-OMe	56.1 q	3.24 s
11	50.2 s		16-OMe	56.4 q	3.32 s
12	25.4 t	1.86 m			

注：溶剂 $CDCl_3$；^{13}C NMR：100 MHz；^1H NMR：400 MHz

化合物名称：weisaconitine D

分子式：$C_{24}H_{39}NO_4$　　　　　　**分子量（$M+1$）**：406

植物来源：*Aconitum weixiense*

参考文献：Zhao D K，Ai H L，Zi S H，et al. 2013. Four new C_{18}-diterpenoid alkaloids with analgesic activity from *Aconitum weixiense*. Fitoterapia，91：280-283.

weisaconitine D 的 NMR 数据

位置	δ_C/ppm	δ_H/ppm（J/Hz）	位置	δ_C/ppm	δ_H/ppm（J/Hz）
1	86.2 d	3.18 dd（10.2，6.4）	13	39.2 d	2.44 m
2	29.8 t	1.59 m	14	75.2 d	4.00 t（4.5）
		2.12 m	15	30.4 t	1.71 m
3	35.8 t	1.76 m			1.99 m
		2.04 m	16	82.7 d	3.35 m
4	36.6 d	1.79 m	17	62.9 d	2.83 br s
5	45.6 d	1.70 m	19	49.5 t	2.44 d（10.6）
6	28.4 t	1.28 m			2.52 d（10.6）
		1.85 m	21	48.8 t	2.38 m
7	45.9 d	2.15 m			2.42 m
8	77.9 s		22	13.5 q	1.06 t（7.1）
9	45.5 d	2.21 m	8-OEt	55.9 t	3.25 m
10	40.7 d	1.78 m		16.1 q	1.09 t（6.9）
11	50.2 s		1-OMe	56.3 q	3.23 s
12	26.4 t	1.76 m	16-OMe	56.5 q	3.33 s
		2.13 m			

注：溶剂 CDCl$_3$；^{13}C NMR：100 MHz；^{1}H NMR：400 MHz

2.2　冉乌宁碱型（ranaconines，A2）

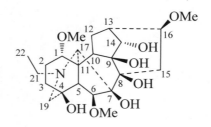

化合物名称： 1α,6,16-三甲氧基-4,7,8,9,14α-五羟基-N-乙基乌头烷

分子式： C₂₃H₃₇NO₈　　　　　　　　**分子量**（M+1）：456

植物来源： *Aconitum excelsum* Reichb　紫花高乌头

参考文献： 董玉，陈朝军.2008.蒙药紫花高乌头根中二萜生物碱的分离与结构鉴定.中国药业，17（21）：14-15.

1α,6,16-三甲氧基-4,7,8,9,14α-五羟基-N-乙基乌头烷的 NMR 数据

位置	δ_C/ppm	δ_H/ppm（J/Hz）	位置	δ_C/ppm	δ_H/ppm（J/Hz）
1	84.3 d		13	33.6 d	
2	26.1 t		14	77.3 d	4.25 d
3	31.6 t		15	43.3 t	
4	67.9 s		16	82.6 d	
5	48.8 d		17	64.8 d	
6	90.7 d	3.85	19	55.8 t	
7	88.5 s		21	51.1 t	
8	77.9 s		22	14.1 q	1.04 t（7.0）
9	78.3 s		1-OMe	56.3 q	3.25 s
10	49.6 d		6-OMe	57.9 q	3.34 s
11	52.5 s		16-OMe	56.2 q	3.45 s
12	28.7 t				

注：溶剂 CDCl₃；¹³C NMR：125 MHz；¹H NMR：500 MHz

化合物名称：6-acetylumbrofine

分子式：$C_{25}H_{39}NO_7$　　　　　　　　分子量（$M+1$）：466

植物来源：*Aconitum umbrosum*（Korsh.）Kom　草地乌头

参考文献：Tel'nov V A. 1993. Umbrofine and 6-acetylumbrofine-new C_{18}-diterpene alkaloids from *Aconitum umbrosum*. Chemistry of Natural Compounds，29（1）：60-63.

6-acetylumbrofine 的 NMR 数据

位置	δ_C/ppm	δ_H/ppm（J/Hz）	位置	δ_C/ppm	δ_H/ppm（J/Hz）
1	86.0 d		14	84.2 d	
2	26.1 t		15	35.1 t	
3	30.7 t		16	81.9 d	
4	35.9 d		17	63.6 d	
5	45.8 d		19	50.1 t	
6	79.4 d		21	49.9 t	
7	88.5 s		22	13.9 q	
8	76.1 s		1-OMe	56.2 q	
9	47.1 d		14-OMe	57.8 q	
10	38.0 d		16-OMe	56.5 q	
11	48.2 s		6-OAc	169.5 s	
12	30.1 t			21.6 q	
13	46.3 d				

注：溶剂 CDCl₃

化合物名称： 6-methylumbrofine

分子式： $C_{24}H_{39}NO_6$　　　　　　　　**分子量（$M+1$）：** 438

植物来源： *Aconitum excelsum* Reichb　紫花高乌头

参考文献： 张树祥，贾世山. 1999. 蒙药紫花高乌头根中新二萜生物碱的分离和鉴定. 药学学报，34（10）：762-766.

6-methylumbrofine 的 NMR 数据

位置	δ_C/ppm	δ_H/ppm（J/Hz）	位置	δ_C/ppm	δ_H/ppm（J/Hz）
1	84.9 d		13	36.8 d	
2	26.0 t		14	83.9 d	3.57 t（4.6）
3	29.4 t		15	33.4 t	
4	38.3 d		16	82.8 d	
5	43.4 d		17	65.1 d	
6	94.5 d	3.84 s	19	51.2 t	
7	88.6 s		21	50.2 t	
8	77.7 s		22	14.1 q	1.04 t（7.1）
9	48.7 d		1-OMe	56.0 q	3.24 s
10	46.2 d		6-OMe	57.5 q	3.37 s
11	48.7 s		14-OMe	58.3 q	3.40 s
12	29.0 t		16-OMe	56.2 q	3.32 s

注：溶剂 CDCl₃；¹³C NMR：100 MHz；¹H NMR：400 MHz

化合物名称：6-O-acetylacosepticine

分子式：$C_{25}H_{39}NO_7$　　　　　　　　**分子量（$M+1$）**：466

植物来源：*Aconitum septentrionale*

参考文献：Ross S A，Pelletier S W. 1992. New norditerpenoid alkaloids from *Aconitum septentrionale*. Tetrahedron，48（7）：1183-1192.

6-O-acetylacosepticine 的 NMR 数据

位置	δ_C/ppm	δ_H/ppm（J/Hz）	位置	δ_C/ppm	δ_H/ppm（J/Hz）
1	84.2 d		14	84.3 d	
2	26.0 t		15	37.9 t	
3	29.1 t		16	82.3 d	
4	37.5 d		17	66.3 d	
5	50.6 d		19	49.7 t	
6	84.5 d		21	51.2 t	
7	89.2 s		22	14.2 q	
8	76.9 s		1-OMe	55.9 q	
9	45.6 d		14-OMe	57.6 q	
10	43.4 d		16-OMe	56.2 q	
11	48.6 s		6-OAc	172.4 s	
12	29.1 t			21.6 q	
13	35.2 d				

注：溶剂 CDCl₃

化合物名称： 14-demethyltuguaconitine

分子式： C$_{22}$H$_{33}$NO$_7$　　　　　　　　**分子量（M+1）：** 424

植物来源： *Delphinium stapeliosum*

参考文献： Shrestha P M，Katz A. 2000. Norditerpenoid alkaloids from the roots of *Delphinium stapeliosum*. Journal of Natural Products，63（1）：2-5.

14-demethyltuguaconitine 的 NMR 数据

位置	δ_C/ppm	δ_H/ppm（J/Hz）	位置	δ_C/ppm	δ_H/ppm（J/Hz）
1	77.9 d	3.87 s	13	42.8 d	
2	31.5 t		14	75.6 d	4.13 m
3	58.7 d		15	34.4 t	
4	58.6 s		16	81.9 d	
5	45.4 d		17	67.5 d	2.87 s
6	90.0 d	3.94 br s	19	54.3 t	2.55 d（10.0）
7	89.6 s				2.76 d（10.0）
8	78.1 s		21	50.1 t	
9	48.7 d		22	14.0 q	1.08 t（7.2）
10	39.7 d		6-OMe	58.9 q	3.38 s
11	53.5 s		16-OMe	56.4 q	3.42 s
12	29.6 t				

注：溶剂 CDCl$_3$；^{13}C NMR：50 MHz；^{1}H NMR：200 MHz

化合物名称：14-*O*-demethyldelboxine

分子式：$C_{23}H_{35}NO_7$　　　　　　　　分子量（*M*＋1）：438

植物来源：*Consolida orientalis*

参考文献：Alva A，Grandez M，Madinaveitia A，et al. 2004. Seven new norditerpenoid alkaloids from Spanish *Consolida orientalis*. Helvetica Chimica Acta，87（8）：2110-2119.

14-*O*-demethyldelboxine 的 NMR 数据

位置	δ_C/ppm	δ_H/ppm（*J*/Hz）	位置	δ_C/ppm	δ_H/ppm（*J*/Hz）
1	77.6 d	3.93 br s	13	40.1 d	2.32 t（6.1）
2	31.8 t	2.22 ddd（14.0，5.5，2.4）	14	74.6 d	4.05 ddd（4.6，4.6，3.4）
		1.26 ddd（14.0，7.1，2.4）	15	31.1 t	2.70 dd（16.2，8.9）
3	58.1 d	3.11 dd（7.1，5.5）			1.84 dd（16.2，6.0）
4	58.8 s		16	82.1 d	3.42 m
5	52.4 d	1.42 d（2.9）	17	67.5 d	2.93 d（2.9）
6	90.0 d	4.24 s	19	54.3 t	2.53 d（9.6）
7	92.7 s				3.46 d（9.6）
8	81.3 s		21	50.0 t	3.03 dq（13.8，7.4）
9	39.7 d	3.32 t（5.9）	22	14.1 q	1.10 t（7.4）
10	44.0 d	2.10 m	6-OMe	60.3 q	3.48 s
11	53.6 s		8-OMe	51.4 q	3.50 s
12	28.8 t	1.58 t（8.9）	16-OMe	56.4 q	3.42 s
		2.09 m			

注：溶剂 CDCl₃；¹³C NMR：125 MHz；¹H NMR：500 MHz

化合物名称：acoseptrine

分子式：$C_{23}H_{37}NO_7$　　　　　　　**分子量（M + 1）**：440

植物来源：*Aconitum septentrionale*

参考文献：Sayed H M，Desai H K，Ross S A，et al. 1992. New diterpenoid alkaloids from the roots of *Aconitum septentrionale*：isolation by an ion exchange method. Journal of Natural Products，55（11）：1595-1606.

acoseptrine 的 NMR 数据

位置	δ_C/ppm	δ_H/ppm（J/Hz）	位置	δ_C/ppm	δ_H/ppm（J/Hz）
1	84.1 d		13	35.1 d	
2	25.6 t		14	82.7 d	
3	29.1 t		15	39.3 t	
4	37.2 d		16	81.9 d	
5	48.1 d		17	66.4 d	
6	77.4 d		19	50.2 t	
7	87.1 s		21	51.5 t	
8	76.9 s		22	14.3 q	
9	54.1 d		1-OMe	55.6 q	
10	80.6 s		14-OMe	57.6 q	
11	54.1 s		16-OMe	56.0 q	
12	36.9 t				

注：溶剂 CDCl₃

化合物名称：anthriscifolcine A

分子式：$C_{26}H_{39}NO_7$　　　　　　　　　　**分子量**（$M+1$）：478

植物来源：*Delphinium anthriscifolium* var. *savatieri*　卵瓣还亮草

参考文献：Song L，Liang X X，Chen D L，et al. 2007. New C_{18}-diterpenoid alkaloids from *Delphinium anthriscifolium* var. *savatieri*. Chemical & Pharmaceutical Bulletin，55（6）：918-921.

anthriscifolcine A 的 NMR 数据

位置	δ_C/ppm	δ_H/ppm（J/Hz）	位置	δ_C/ppm	δ_H/ppm（J/Hz）
1	82.4 d	3.01 t（9.6）	15	33.9 t	1.80 m
2	26.4 t	2.08 m			2.44 m
3	29.2 t	1.74 m	16	81.7 d	3.20 m
		1.36 m	17	64.4 d	3.12 s
4	38.4 d	2.31 t（5.6）	19	50.5 t	2.70 m
5	50.2 d	1.46 s			2.78 m
6	81.1 d	5.21 s	21	50.3 t	2.73 m
7	92.0 s				2.75 m
8	83.5 s		22	13.8 q	1.03 t（7.2）
9	48.0 d	2.10 m	1-OMe	55.8 q	3.27 s
10	39.7 d	3.47 m	16-OMe	56.2 q	3.34 s
11	49.9 s		14-OMe	57.7 q	3.45 s
12	28.3 t	1.77 m	6-OAc	170.4 s	
		2.58 m		21.6 q	2.04 s
13	34.2 d	2.11 m	O—CH₂—O	93.5 t	4.91 s（2H）
14	83.3 d	3.66 t（4.8）			

注：溶剂 CDCl₃；^{13}C NMR：100 MHz；^{1}H NMR：400 MHz

化合物名称：anthriscifolcine B

分子式：C$_{24}$H$_{37}$NO$_6$　　　　　　　分子量（$M+1$）：436

植物来源：*Delphinium anthriscifolium* var. *savatieri*　卵瓣还亮草

参考文献：Song L，Liang X X，Chen D L，et al. 2007. New C$_{18}$-diterpenoid alkaloids from *Delphinium anthriscifolium* var. *savatieri*. Chemical & Pharmaceutical Bulletin，55（6）：918-921.

anthriscifolcine B 的 NMR 数据

位置	δ_C/ppm	δ_H/ppm（J/Hz）	位置	δ_C/ppm	δ_H/ppm（J/Hz）
1	83.0 d		13	34.7 d	
2	26.4 t		14	83.3 d	3.66 t (4.8)
3	29.2 t		15	33.5 t	
4	37.9 d	2.36 d (5.6)	16	81.9 d	
5	51.0 d		17	64.4 d	
6	81.5 d	4.25 s	19	50.8 t	
7	92.9 s		21	50.8 t	
8	84.5 s		22	13.5 q	1.05 t (7.2)
9	47.6 d		1-OMe	55.7 q	
10	40.2 d		16-OMe	56.1 q	
11	50.2 s		14-OMe	57.7 q	
12	28.3 t		O—CH$_2$—O	92.9 t	5.06 s，5.12 s

注：溶剂 CDCl$_3$；^{13}C NMR：100 MHz；^{1}H NMR：400 MHz

化合物名称：anthriscifolcine C

分子式：$C_{25}H_{37}NO_8$ **分子量（$M+1$）**：480

植物来源：*Delphinium anthriscifolium* var. *savatieri* 卵瓣还亮草

参考文献：Song L，Liang X X，Chen D L，et al. 2007. New C_{18}-diterpenoid alkaloids from *Delphinium anthriscifolium* var. *savatieri*. Chemical & Pharmaceutical Bulletin，55（6）：918-921.

anthriscifolcine C 的 NMR 数据

位置	δ_C/ppm	δ_H/ppm（J/Hz）	位置	δ_C/ppm	δ_H/ppm（J/Hz）
1	77.2 d	3.62 t（8.0）	14	72.8 d	4.64 dd（10.0，4.8）
2	25.8 t	2.06 m	15	37.5 t	1.83 m
		2.12 m			2.64 m
3	29.6 t	1.35 m	16	81.2 d	3.64 d（8.4）
		1.78 m	17	65.0 d	3.30 br s
4	33.6 d	2.10 m	19	50.6 t	2.80 m
5	44.8 d	1.83 m	21	50.6 t	2.90 m
6	81.1 d	5.33 s	22	13.9 q	1.07 t（7.2）
7	93.0 s		1-OMe	55.7 q	3.26 s
8	80.1 s		16-OMe	56.3 q	3.35 s
9	52.1 d	3.32 m	O—CH₂—O	94.2 t	4.99 s
10	83.1 s				5.01 s
11	54.7 s		6-OAc	170.6 s	
12	36.9 t	2.55 m		21.7 q	2.10 s
13	37.5 d	1.72 m			

注：溶剂 $CDCl_3$；^{13}C NMR：100 MHz；^1H NMR：400 MHz

化合物名称：anthriscifolcine D

分子式：C$_{26}$H$_{39}$NO$_8$　　　　　　　　　**分子量（$M+1$）**：494

植物来源：*Delphinium anthriscifolium* var. *savatieri*　卵瓣还亮草

参考文献：Song L，Liang X X，Chen D L，et al. 2007. New C$_{18}$-diterpenoid alkaloids from *Delphinium anthriscifolium* var. *savatieri*. Chemical & Pharmaceutical Bulletin，55（6）：918-921.

anthriscifolcine D 的 NMR 数据

位置	δ_C/ppm	δ_H/ppm（J/Hz）	位置	δ_C/ppm	δ_H/ppm（J/Hz）
1	77.1 d	3.50 t（8.8）	14	81.5 d	4.10 t（4.4）
2	26.1 t	2.06 m	15	39.5 t	1.85 m
		2.12 m			2.69 m
3	28.3 t	1.37 m	16	81.5 d	3.18 d（8.0）
		1.80 m	17	63.9 d	3.05 br s
4	33.5 d	2.09 m	19	50.2 t	2.75 m
5	44.7 d	1.84 m	21	50.2 t	2.85 m
6	81.5 d	5.27 s	22	13.4 q	1.04 t（7.2）
7	91.3 s		1-OMe	55.4 q	3.25 s
8	81.6 s		14-OMe	57.6 q	3.43 s
9	50.1 d	3.29 m	16-OMe	56.3 q	3.31 s
10	83.6 s		O—CH$_2$—O	93.9 t	4.92 s
11	55.1 s				4.94 s
12	34.9 t	2.48 m	6-OAc	170.2 s	
13	36.0 d	2.51 m		21.6 q	2.06 s

注：溶剂 CDCl$_3$；^{13}C NMR：125 MHz；^{1}H NMR：500 MHz

化合物名称：anthriscifolcine E

分子式：$C_{24}H_{37}NO_7$ 分子量（$M+1$）：452

植物来源：*Delphinium anthriscifolium* var. *savatieri* 卵瓣还亮草

参考文献：Song L，Liang X X，Chen D L，et al. 2007. New C_{18}-diterpenoid alkaloids from *Delphinium anthriscifolium* var. *savatieri*. Chemical & Pharmaceutical Bulletin，55（6）：918-921.

anthriscifolcine E 的 NMR 数据

位置	δ_C/ppm	δ_H/ppm（J/Hz）	位置	δ_C/ppm	δ_H/ppm（J/Hz）
1	77.0 d		13	37.4 d	
2	26.0 t		14	81.5 d	4.15 t（4.8）
3	28.9 t		15	38.7 t	
4	34.3 d		16	81.6 d	
5	45.5 d		17	63.9 d	
6	82.0 d	4.28 s	19	50.5 t	
7	92.2 s		21	50.7 t	
8	82.3 s		22	13.4 q	1.06 t（7.2）
9	50.5 d		1-OMe	55.6 q	
10	83.0 s		14-OMe	57.7 q	
11	55.3 s		16-OMe	56.1 q	
12	34.4 t		O—CH$_2$—O	93.2 t	5.07 s，5.13 s

注：溶剂 CDCl$_3$；^{13}C NMR：125 MHz；^{1}H NMR：500 MHz

化合物名称：anthriscifolcine F

分子式：$C_{25}H_{37}NO_8$　　　　　　　　　　　**分子量（$M+1$）**：480

植物来源：*Delphinium anthriscifolium* var. *savatieri*　卵瓣还亮草

参考文献：Song L，Liang X X，Chen D L，et al. 2009. New C₁₉- and C₁₈-iterpenoid alkaloids from *Delphinium anthriscifolium* var. *savatieri*. Chemical & Pharmaceutical Bulletin，57（5）：158-164.

anthriscifolcine F 的 NMR 数据

位置	δ_C/ppm	δ_H/ppm（J/Hz）	位置	δ_C/ppm	δ_H/ppm（J/Hz）
1	77.1 d	3.58 t（8.4）	14	82.4 d	4.30 t（4.4）
2	25.9 t	2.08 m	15	37.8 t	1.75 m
		2.80 m			2.59 m
3	28.6 t	1.35 m	16	71.7 d	3.66 m
4	33.7 d	2.11 overlapped	17	64.7 d	3.28 br s
5	44.5 d	1.86 m	19	50.6 t	2.88 m
6	81.4 d	5.32 s	21	50.3 t	2.77 m
7	92.8 s		22	13.9 q	1.07 t（7.2）
8	80.4 s		1-OMe	55.7 q	3.26 s
9	47.9 d	3.49 m	14-OMe	58.0 q	3.51 s
10	83.1 s		O—CH₂—O	93.9 t	4.97 s
11	54.6 s				4.94 s
12	37.8 t	2.63 m	6-OAc	170.2 s	
		1.68 m		21.7 q	2.08 s
13	40.1 d	2.50 m			

注：溶剂 CDCl₃；¹³C NMR：100 MHz；¹H NMR：400 MHz

化合物名称：anthriscifolcine G

分子式：$C_{25}H_{37}NO_7$　　　　　　分子量（$M+1$）：464

植物来源：*Delphinium anthriscifolium* var. *savatieri*　卵瓣还亮草

参考文献：Song L，Liang X X，Chen D L，et al. 2009. New C_{19}- and C_{18}-iterpenoid alkaloids from *Delphinium anthriscifolium* var. *savatieri*. Chemical & Pharmaceutical Bulletin，57（5）：158-164.

anthriscifolcine G 的 NMR 数据

位置	δ_C/ppm	δ_H/ppm（J/Hz）	位置	δ_C/ppm	δ_H/ppm（J/Hz）
1	83.8 d	3.03 dd（10.4，7.2）	14	83.7 d	3.79 t（4.8）
2	25.8 t	2.01 overlapped	15	37.0 t	1.73 m
3	28.9 t	1.78 overlapped			2.57 m
4	33.9 d	2.16 m	16	72.1 d	3.70 t（10.0）
5	49.6 d	1.53 m	17	64.8 d	3.39 brs
6	80.8 d	5.23 s	19	50.7 t	2.85 m
7	93.6 s		21	50.6 t	2.77 m
8	81.6 s		22	13.9 q	1.06 t（7.2）
9	38.6 d	3.62 t（5.2）	1-OMe	55.9 q	3.26 s
10	47.9 d	1.87 overlapped	14-OMe	57.9 q	3.51 s
			O—CH₂—O	93.7 t	4.97 s
11	49.3 s				4.96 s
12	27.1 t	1.93 m 2.10 overlapped	6-OAc	170.3 s	
13	40.1 d	2.37 m		21.5 q	2.07 s

注：溶剂 CDCl₃；¹³C NMR：100 MHz；¹H NMR：400 MHz

化合物名称：anthriscifolcone A

分子式：$C_{27}H_{39}NO_8$　　　　　　　**分子量（$M+1$）**：506

植物来源：*Delphinium anthriscifolium* var. *majus* Pamp　大花还亮草

参考文献：Wang S，Zhou X L，Gong X M，et al. 2015. Norditerpenoid alkaloids from *Delphinium anthriscifolium*. Journal of Asian Natural Products Research，18（2）：141-146.

anthriscifolcone A 的 NMR 数据

位置	δ_C/ppm	δ_H/ppm（J/Hz）	位置	δ_C/ppm	δ_H/ppm（J/Hz）
1	76.8 d	4.24 dd（7.8，10.2）	15	34.4 t	2.85～2.82 m 2.08 dd（16.2，4.2）
2	26.3 t	2.55～2.62 m	16	80.8 d	3.45～3.47 m
		2.10～2.14 m	17	63.3 d	3.83 m
3	29.3 t	1.78 br d（12.6）	19	50.3 t	2.82～2.85 m
		1.54 br t（13.2）			2.73～2.76 m
4	34.5 d	2.17 br s	21	50.2 t	2.92～2.95 m
5	51.7 d	3.01 dd（4.2，1.8）			2.73～2.76 m
6	217.8 s		22	13.5 q	1.11 t（7.2）
7	91.3 s		O—CH₂—O	95.3 t	5.89 br s
8	80.6 s				5.29 br s
9	52.0 d	2.74 d（5.4）	1-OMe	55.3 q	3.38 s
10	81.3 s		16-OMe	55.5 q	3.28 s
11	50.8 s		1′	176.4 s	
12	38.3 t	2.99 d（16.2）	2′	34.0 d	2.63～2.68 m
		2.31 dd（8.4，16.2）	3′	18.6 q	1.21 d（7.2）
13	36.0 d	3.09 br t（6.0）	4′	18.5 q	1.23 d（7.2）
14	73.9 d	5.86 t（5.4）			

注：溶剂 Pyridine-D₅；¹³C NMR：150 MHz；¹H NMR：600 MHz

化合物名称：anthriscifolcone B

分子式：$C_{23}H_{33}NO_7$　　　　　　　**分子量（M+1）**：436

植物来源：*Delphinium anthriscifolium* var. *majus* Pamp　大花还亮草

参考文献：Wang S，Zhou X L，Gong X M，et al. 2015. Norditerpenoid alkaloids from *Delphinium anthriscifolium*. Journal of Asian Natural Products Research，18（2）：141-146.

anthriscifolcone B 的 NMR 数据

位置	δ_C/ppm	δ_H/ppm（J/Hz）	位置	δ_C/ppm	δ_H/ppm（J/Hz）
1	76.9 d	4.27 dd (7.8，10.2)	13	37.9 d	2.73~2.76 m
2	26.3 t	2.59~2.61 m	14	72.3 d	5.19 br s
		2.10~2.13 m	15	37.7 t	2.76~2.80 m
3	29.3 t	1.78 br d (13.2)			2.21~2.24 m
		1.52 br t (13.8)	16	81.3 d	3.60 d (9.0)
4	34.4 d	2.18 br s	17	63.8 d	3.95 br s
5	52.0 d	3.01 br d (3.2)	19	50.3 t	2.82~2.85 m
6	217.7 s				2.72~2.76 m
7	92.0 s		21	50.3 t	2.92~2.95 m
8	80.4 s				2.72~2.76 m
9	54.3 d	2.69 br d (4.2)	22	13.6 q	1.12 t (7.2)
10	81.7 s		O—CH₂—O	95.5 t	5.93 br s
11	50.8 s				5.32 br s
12	32.9 t	2.79~2.81 m	1-OMe	55.8 q	3.30 s
		2.21~2.4 m	16-OMe	55.4 q	3.40 s

注：溶剂 Pyridine-D₅；¹³C NMR：150 MHz；¹H NMR：600 MHz

化合物名称：anthriscifoltine C

分子式：$C_{29}H_{43}NO_9$　　　　　　**分子量（$M+1$）**：550

植物来源：*Delphinium anthriscifolium* var. *majus* Pamp　　大花还亮草

参考文献：Shan L H，Zhang J F，Gao F，et al. 2018. C₁₈-Diterpenoid alkaloids from *Delphinium anthriscifolium* var. *majus*. Journal of Asian Natural Products Research，20（5）：423-430.

anthriscifoltine C 的 NMR 数据

位置	δ_C/ppm	δ_H/ppm（J/Hz）	位置	δ_C/ppm	δ_H/ppm（J/Hz）
1	77.3 d	3.57 t（8.4）	15	38.8 t	3.13 d（15.0）
2	26.4 t	2.05 m			1.83 m
		2.15 m	16	81.2 d	3.23 dd（6.6, 9.0）
3	28.8 t	1.30 m	17	64.6 d	3.08 br s
		1.80 m	19	50.5 t	2.85 m
4	33.9 d	2.07 m	21	50.4 t	2.75 m
5	44.7 d	1.87 m	22	13.8 q	1.05 t（7.2）
6	81.4 d	5.27 s	1-OMe	55.6 q	3.28 s
7	91.7 s		16-OMe	55.9 q	3.29 s
8	81.6 s		O—CH₂—O	93.8 t	4.89 s, 4.95 s
9	50.2 d	3.52 d（5.4）	6-OAc	170.4 s	
10	83.2 s			21.6 q	2.05 s
11	55.3 s		1′	177.2 s	
12	35.3 t	1.17 dd（6.0, 15.6）	2′	34.1 d	2.58 m
		2.55 m	3′	18.8 q	1.15 d（2.4）
13	37.4 d	2.65 m	4′	18.9 q	1.16 d（2.4）
14	74.2 d	5.26 t（5.4）			

注：溶剂 CDCl₃；¹³C NMR：150 MHz；¹H NMR：600 MHz

化合物名称：anthriscifoltine D

分子式：$C_{32}H_{41}NO_9$　　　　　　分子量（$M+1$）：584

植物来源：*Delphinium anthriscifolium* var. *majus* Pamp　大花还亮草

参考文献：Shan L H，Zhang J F，Gao F，et al. 2018. C_{18}-Diterpenoid alkaloids from *Delphinium anthriscifolium* var. *majus*. Journal of Asian Natural Products Research，20（5）：423-430.

anthriscifoltine D 的 NMR 数据

位置	δ_C/ppm	δ_H/ppm（J/Hz）	位置	δ_C/ppm	δ_H/ppm（J/Hz）
1	77.3 d	3.62 t（8.4）			1.91 m
2	26.4 t	2.12 m	16	81.1 d	3.28 hidden
		2.13 m	17	64.7 d	3.12 br s
3	28.8 t	1.38 m	19	50.6 t	2.85 m
		1.85 m	21	50.4 t	2.75 m
4	33.9 d	2.10 m	22	13.9 t	1.08 t（7.2）
5	44.7 d	1.90 m	1-OMe	55.6 q	3.28 s
6	81.4 d	5.29 s	16-OMe	55.9 q	3.30 s
7	91.8 s		O—CH$_2$—O	94.0 t	4.89 s
8	81.4 s				4.93 s
9	50.4 d	3.67 d（5.4）	6-OAc	170.4 s	
10	83.2 s			21.7 q	2.06 s
11	55.3 s		14-OCO	166.7 s	
12	35.6 t	1.80 m	1′	130.6 s	
		2.61 m	2′，6′	129.8 d	8.10 d（8.4）
13	37.1 d	2.83 m	3′，5′	128.2 d	7.42 d（7.8）
14	74.8 d	5.51 t（5.4）	4′	132.6 d	7.55 t（7.2）
15	38.7 t	3.15 d（15.0）			

注：溶剂 CDCl$_3$；^{13}C NMR：150 MHz；^{1}H NMR：600 MHz

化合物名称：anthriscifoltine E

分子式：$C_{25}H_{35}NO_8$　　　　　　　　　**分子量（$M+1$）：478**

植物来源：*Delphinium anthriscifolium* var. *majus* Pamp　大花还亮草

参考文献：Shan L H，Zhang J F，Gao F，et al. 2018. C₁₈-Diterpenoid alkaloids from *Delphinium anthriscifolium* var. *majus*. Journal of Asian Natural Products Research，20（5）：423-430.

anthriscifoltine E 的 NMR 数据

位置	δ_C/ppm	δ_H/ppm（J/Hz）	位置	δ_C/ppm	δ_H/ppm（J/Hz）
1	76.9 d	3.82 t（8.4）	14	214.3 s	
2	25.4 t	2.06 m	15	31.7 t	2.45 dd（6.6，10.8）
		2.15 m			1.75 m
3	28.4 t	1.38 m	16	83.7 d	3.91 t（5.4）
		1.81 m	17	65.4 d	3.71 br s
4	33.3 d	2.25 m	19	50.7 t	2.85 m
5	44.7 d	1.94 m	21	50.3 t	2.81 m
6	80.5 d	5.35 s	22	14.0 q	1.10 t（7.2）
7	92.7 s		1-OMe	55.7 q	3.32 s
8	87.0 s				
9	58.2 d	3.49 s	16-OMe	56.1 q	3.34 s
10	79.4 s		O—CH₂—O	94.8 t	4.98 s
11	54.7 s				4.99 s
12	36.1 t	1.92 m	6-OAc	170.6 s	
		2.75 m		21.6 q	2.05 s
13	45.3 d	2.78 m			

注：溶剂 CDCl₃；¹³C NMR：150 MHz；¹H NMR：600 MHz

化合物名称：anthriscifoltine F

分子式：$C_{23}H_{33}NO_7$ **分子量**（$M+1$）：436

植物来源：*Delphinium anthriscifolium* var. *majus* Pamp   大花还亮草

参考文献：Shan L H，Zhang J F，Gao F，et al. 2018. C_{18}-Diterpenoid alkaloids from *Delphinium anthriscifolium* var. *majus*. Journal of Asian Natural Products Research，20（5）：423-430，7（1）：6063.

anthriscifoltine F 的 NMR 数据

位置	δ_C/ppm	δ_H/ppm（J/Hz）	位置	δ_C/ppm	δ_H/ppm（J/Hz）
1	77.1 d	3.83 t（8.4）	13	45.4 d	2.80 m
2	25.7 t	2.06 m	14	213.7 s	
		2.08 m	15	32.4 t	2.47 dd（5.4, 16.8）
3	28.8 t	1.39 m			1.67 d（16.8）
		1.76 m	16	84.2 d	3.88 t（7.2）
4	34.2 d	2.10 m	17	65.4 d	3.59 br s
5	46.3 d	1.81 m	19	51.0 t	2.79 m
6	81.5 d	4.35 s	21	50.7 t	2.73 m
7	93.5 s		22	14.2 q	1.09 t（7.2）
8	87.6 s		1-OMe	55.9 q	3.31 s
9	58.3 d	3.79 s	16-OMe	56.2 q	3.35 s
10	79.9 s		O—CH₂—O	94.4 t	5.08 s
11	55.2 s				5.20 s
12	35.9 t	1.98 dd（7.8, 15.6）			
		2.82 m			

注：溶剂 CDCl₃；^{13}C NMR：150 MHz；^{1}H NMR：600 MHz

化合物名称： anthriscifoltine G

分子式： $C_{23}H_{31}NO_7$　　　　　　　**分子量（$M+1$）：** 434

植物来源： *Delphinium anthriscifolium* var. *majus* Pamp　　大花还亮草

参考文献： Shan L H，Zhang J F，Gao F，et al. 2018. C₁₈-Diterpenoid alkaloids from *Delphinium anthriscifolium* var. *majus*. Journal of Asian Natural Products Research，20（5）：423-430.

anthriscifoltine G 的 NMR 数据

位置	δ_C/ppm	δ_H/ppm（J/Hz）	位置	δ_C/ppm	δ_H/ppm（J/Hz）
1	76.9 d	3.93 dd（3.0，11.2）	13	45.3 d	2.90 t（6.6）
2	25.9 t	2.08 m	14	210.7 s	
		2.12 m			
3	29.2 t	1.58 m	15	31.3 t	2.45 dd（6.0，17.4）
		1.89 m			1.73 d（14.4）
4	34.1 d	2.17 m	16	83.4 d	3.97 t（5.4）
5	52.0 d	2.50 m	17	64.5 d	3.92 br s
6	217.4 s		19	50.5 t	2.78 m
7	91.4 s		21	50.2 t	2.63 m
8	86.2 s		22	13.9 q	1.10 t（7.2）
9	60.0 d	2.11 s	1-OMe	56.0 q	3.35 s
10	79.2 s		16-OMe	56.2 q	3.37 s
11	50.8 s		O—CH₂—O	96.6 t	5.13 s，5.62 s
12	36.1 t	2.03 dd（7.2，14.4）			
		2.67 m			

注：溶剂 CDCl₃；¹³C NMR：150 MHz；¹H NMR：600 MHz

化合物名称：delboxine

分子式：$C_{24}H_{37}NO_7$　　　　　　　　**分子量（M + 1）**：452

植物来源：*Delphinium bonvalotii* Franch　川黔翠雀花

参考文献：Jiang Q P，Sung W L. 1985. The structures of four new diterpenoid alkaloids from *Delphinium bonvalotii* Franch. Heterocycles，23（1）：11-15.

delboxine 的 NMR 数据

位置	δ_C/ppm	δ_H/ppm（J/Hz）	位置	δ_C/ppm	δ_H/ppm（J/Hz）
1	77.0 d		13	43.7 d	
2	31.9 t		14	83.9 d	
3	52.3 d		15	29.6 t	
4	58.8 s		16	83.1 d	
5	39.2 d		17	67.0 d	
6	90.5 d		19	54.4 t	
7	92.7 s		21	49.9 t	
8	82.2 s		22	14.0 q	
9	50.8 d		6-OMe	60.3 q	
10	36.8 d		8-OMe	57.5 q	
11	54.0 s		14-OMe	57.9 q	
12	30.6 t		16-OMe	56.2 q	

注：溶剂 $CDCl_3$

化合物名称：finaconitine

分子式：C$_{32}$H$_{44}$N$_2$O$_{10}$　　　　　　　**分子量（$M+1$）**：617

植物来源：*Aconitum finetianum* Hand-Mazz　　赣皖乌头

参考文献：蒋山好，朱元龙，朱任宏. 1982. 中国乌头的研究——XX. 赣皖乌头的研究. 药学学报，17（4）：288-292.

finaconitine 的 NMR 数据

位置	δ_C/ppm	δ_H/ppm（J/Hz）	位置	δ_C/ppm	δ_H/ppm（J/Hz）
1	76.9 d		17	63.4 d	
2	26.3 t		19	55.2 t	
3	31.5 t		21	51.2 t	
4	84.3 s		22	14.6 q	
5	44.5 d		1-OMe	55.9 q	
6	33.0 t		14-OMe	58.1 q	
7	76.6 s		16-OMe	56.8 q	
8	84.5 s		4-OCO	167.5 s	
9	79.2 s		1′	115.6 s	
10	78.3 s		2′	141.7 s	
11	56.2 s		3′	120.3 d	
12	37.0 t		4′	134.5 d	
13	34.6 d		5′	122.3 d	
14	87.7 d		6′	131.0 d	
15	38.1 t		NHAc	169.1 s	
16	82.6 d			25.6 q	

注：溶剂 CDCl$_3$

化合物名称：hispaconitine

分子式：$C_{26}H_{41}NO_8$　　　　　　　**分子量（$M+1$）**：496

植物来源：*Aconitum barbatum* var. *hispidum*　　西伯利亚乌头

参考文献：Lao A，Wang H C，Uzawa J，et al. 1990. Studies on the alkaloids from *Aconitum barbatum* var. *hispidum* Ledeb. Heterocycles，31（1）：27-30.

hispaconitine 的 NMR 数据

位置	δ_C/ppm	δ_H/ppm（J/Hz）	位置	δ_C/ppm	δ_H/ppm（J/Hz）
1	83.2 d	2.92 dd（7.3，9.9）	14	84.5 d	3.68 t（4.4）
2	27.2 t		15	34.5 t	
3	31.6 t	2.72 br d（9.5）	16	83.6 d	
4	81.4 s		17	64.5 d	
5	54.9 d	2.04 br s	19	56.0 t	3.84 d（11.7）
6	90.9 d	4.25 br s	21	50.8 t	
7	89.4 s		22	14.2 q	1.10 t（7.0）
8	77.9 s		1-OMe	55.7 q	3.47 s
9	44.0 d		6-OMe	58.3 q	3.20 s
10	46.2 d		14-OMe	57.5 q	3.24 s
11	51.0 s		16-OMe	56.1 q	3.32 s
12	28.9 t	2.57 dd（4.4，13.8）	8-OAc	169.9 s	
13	38.8 d	2.47 br t（4.4）		22.0 q	1.98 s

注：溶剂 Pyridine-D_5；^{13}C NMR：100 MHz；^{1}H NMR：400 MHz

化合物名称：hohenackeridine

分子式：C$_{22}$H$_{31}$NO$_7$　　　　　　　　**分子量（$M+1$）：422**

植物来源：*Aconitella hohenackeri*

参考文献：Almanza G，Bastida J，Codina C，et al. 1997. Norditerpenoid alkaloids from *Aconitella hohenackeri*. Phytochemistry，45（5）：1079-1085.

hohenackeridine 的 NMR 数据

位置	δ_C/ppm	δ_H/ppm（J/Hz）	位置	δ_C/ppm	δ_H/ppm（J/Hz）
1	77.3 d	4.04 brt（2.5）	13	46.8 d	2.44 brd（6.5）
2	31.6 t	2.27 ddd（14.5，6.0，3.0）	14	214.2 s	
		1.26 ddd（14.5，7.5，2.5）	15	34.9 t	2.70 dd（16.0，7.5）
3	58.4 d	3.12 dd（7.0，5.5）			1.30 ddd（16.0，9.0，1.5）
4	58.4 s		16	86.6 d	3.61 t（7.5）
5	48.7 d	1.44 d（2.0）	17	67.7 d	3.15 d（3.0）
6	89.8 d	4.41 s	19	54.2 t	2.55 dd（10.0，0.5）
7	89.0 s				3.44 d（10.0）
8	82.6 s		21	50.3 t	3.04 dq（14.0，7.0）
9	52.8 d	2.84 dd（8.0，1.0）			3.01 dq（14.0，7.0）
10	39.6 d	2.18 ddd（12.0，8.0，5.0）	22	14.1 q	1.09 t（7.5）
11	54.4 s		6-OMe	58.9 q	3.38 s
12	27.8 t	1.90 dd（14.0，5.0）	16-OMe	56.1 q	3.32 s
		2.34 ddd（14.0，11.5，8.0）			

注：溶剂 CDCl$_3$

化合物名称：isolappaconitine

分子式：$C_{32}H_{44}N_2O_8$ **分子量**（$M+1$）：585

植物来源：*Aconitum finetianum* Hand-Mazz 赣皖乌头

参考文献：蒋山好，洪山海，宋宝珠，等. 1988. 中国乌头的研究——XXII. 赣皖乌头生物碱的研究. 药学学报，46（1）：26-29.

isolappaconitine 的 NMR 数据

位置	δ_C/ppm	δ_H/ppm（J/Hz）	位置	δ_C/ppm	δ_H/ppm（J/Hz）
1	83.7 d		19	55.4 t	
2	26.7 t		21	49.7 t	
3	31.8 t		22	14.3 q	1.08 t（7）
4	84.2 s		1-OMe	56.3 q	3.20 s
5	51.6 d		14-OMe	57.8 q	3.24 s
6	33.5 t		16-OMe	56.3 q	3.36 s
7	76.2 s		4-OCO	167.4 s	
8	86.6 s		1'	115.8 s	
9	45.1 d		2'	141.7 s	
10	35.7 d		3'	120.3 d	6.96 t（8）
11	50.9 s		4'	134.4 d	7.40 t（8）
12	25.6 t		5'	122.3 d	7.84 d（8）
13	47.4 d		6'	131.0 d	8.58 d（8）
14	84.1 d	3.68 t（4.5）	NHAc	169.1 s	
15	37.2 t			25.6 q	2.18 s
16	82.4 d		NH		10.94 s
17	62.7 d				

注：溶剂 $CDCl_3$

化合物名称：kirinenine A

分子式：$C_{26}H_{41}NO_8$　　　　　　　　分子量（$M+1$）：496

植物来源：*Aconitum kirinense* Nakai　吉林乌头

参考文献：Zhang S Y，Jiang Y，Bi Y F，et al. 2013. Diterpenoid alkaloids from *Aconitum kirinense*. Journal of Asian Natural Products Research，15（1）：78-83.

kirinenine A 的 NMR 数据

位置	δ_C/ppm	δ_H/ppm（J/Hz）	位置	δ_C/ppm	δ_H/ppm（J/Hz）
1	83.9 d	3.59 m	14	82.7 d	3.01 m
2	26.8 t	2.13 m	15	33.4 t	1.80～2.75 m
3	31.2 t	1.66 m	16	83.0 d	3.10 m
4	81.3 s		17	63.8 d	2.86 s
5	54.3 d	1.72 m	19	55.5 t	2.77 br s
6	90.1 d	4.01 s	21	50.5 t	2.95 q（7.2）
7	88.6 s		22	14.0 q	1.06 t（7.2）
8	77.6 s		1-OMe	56.1 q	3.24 s
9	43.4 d	3.02 m	6-OMe	58.3 q	3.43 s
10	46.0 d	1.93 m	14-OMe	57.8 q	3.42 s
11	50.7 s		16-OMe	56.3 q	3.34 s
12	28.5 t	1.75～2.30 m	4-OAc	169.8 s	
13	38.3 d	2.36 m		22.2 q	1.99 s

注：溶剂 CDCl₃；¹³C NMR：100 MHz；¹H NMR：400 MHz

化合物名称：lamarckinine

分子式：$C_{22}H_{33}NO_6$ **分子量**（$M+1$）：408

植物来源：*Aconitum lamarckii* Reichenb

参考文献：de la Fuente G，Orribo T，Gavin J A，et al. 1993. Lamarckinine，a new bisnorditerpenoid alkaloid from *Aconitum lamarckii* Reichenb. Heterocycles，36（7）：1455-1458.

lamarckinine 的 NMR 数据

位置	δ_C/ppm	δ_H/ppm（J/Hz）	位置	δ_C/ppm	δ_H/ppm（J/Hz）
1	82.0 d		12	29.6 t	
2	20.8 t		13	38.6 d	2.38 dd（4.4，6.8）
3	21.5 t		14	84.3 d	3.65 t（4.4）
4	45.9 d	2.59 m	15	33.2 t	2.87 dd（14.9，8.7）
5	43.7 d		16	82.5 d	
6	96.0 d	3.52 s	17	64.5 d	3.82 br s
7	86.7 s		19	165.2 d	7.66 br s
8	77.2 s		1-OMe	56.3 q	3.17 s
9	43.4 d	2.77 t（6.1）	6-OMe	59.1 q	3.38 s
10	44.1 d		14-OMe	57.7 q	3.43 s
11	48.5 s		16-OMe	56.2 q	3.35 s

注：溶剂 CDCl$_3$

化合物名称：leuconine

分子式：$C_{23}H_{35}NO_5$　　　　　　　分子量（$M+1$）：406

植物来源：*Aconitum leucostomum* Worosch　白喉乌头

参考文献：Tel'nov V A，Usmanova S K. 1992. Leuconine—A new alkaloid from *Aconitum leucostomum* and *A. septentrionale*. Chemistry of Natural Compounds，28（5）：470-471.

leuconine 的 NMR 数据

位置	δ_C/ppm	δ_H/ppm（J/Hz）	位置	δ_C/ppm	δ_H/ppm（J/Hz）
1	84.9 d		13	35.8 d	
2	26.3 t		14	84.9 d	
3	30.0 t		15	23.0 t	
4	35.0 d		16	83.2 d	
5	56.8 d		17	62.4 d	
6	222.6 s		19	51.1 t	
7	85.0 s		21	49.5 t	
8	39.1 d		22	14.1 q	
9	40.2 d		1-OMe	56.2 q	
10	46.0 d		14-OMe	57.6 q	
11	44.8 s		16-OMe	56.3 q	
12	29.0 t				

注：溶剂 CDCl₃

化合物名称： leucostine

分子式： $C_{23}H_{35}NO_6$　　　　　　　　**分子量（$M+1$）：** 422

植物来源： *Aconitum leucostomum* Worosch　白喉乌头

参考文献： 魏孝义，韦壁瑜，张继. 1996. 白喉乌头中的新二萜生物碱. 植物学报，38（12）：995-997.

leucostine 的 NMR 数据

位置	δ_C/ppm	δ_H/ppm（J/Hz）	位置	δ_C/ppm	δ_H/ppm（J/Hz）
1	84.3 d		13	45.8 d	
2	26.0 t		14	83.3 d	3.68 t (4.5)
3	29.8 t		15	34.7 t	
4	35.2 d		16	81.7 d	
5	57.3 d		17	63.1 d	
6	220.5 s		19	51.1 t	
7	85.9 s		21	49.2 t	
8	75.4 s		22	14.1 q	1.05 t（7）
9	45.4 d		1-OMe	55.9 q	3.30 s
10	37.7 d		14-OMe	57.9 q	3.34 s
11	43.9 s		16-OMe	56.3 q	3.37 s
12	28.4 t				

注：溶剂 $CDCl_3$；^{13}C NMR：100 MHz；^{1}H NMR：400 MHz

化合物名称：leucostonine

分子式：C$_{22}$H$_{35}$NO$_5$ **分子量（$M+1$）**：394

植物来源：*Aconitum leucostomum* Worosch   白喉乌头

参考文献：Chen L，Wang Q，Huang S，et al. 2017. Diterpenoid alkaloids from *Aconitum leucostomum* and their antifeedant activity. Chinese Journal of Organic Chemistry，37：1839-1843.

leucostonine 的 NMR 数据

位置	δ_C/ppm	δ_H/ppm（J/Hz）	位置	δ_C/ppm	δ_H/ppm（J/Hz）
1	72.6 d	3.64 br s	12	29.9 t	1.63 m
					1.98 m
2	29.4 t	1.55（overlapped） 1.55（overlapped）	13	37.1 d	2.43（overlapped）
3	24.0 t	1.61（overlapped） 1.98（overlapped）	14	85.0 d	3.72 t（8.4）
4	33.7 d	1.98（overlapped）	15	36.4 t	1.61（overlapped） 2.92（overlapped）
5	40.4 d	1.85 m	16	82.8 d	3.26 t（8.4）
6	37.3 t	1.43 d（14.4） 2.43（overlapped）	17	65.0 d	2.63 br s
7	86.2 s		19	53.6 t	2.53 d（11.2） 3.16 dd（4.0，11.2）
8	77.4 s		21	50.6 t	2.92（overlapped）
9	47.0 d	2.20 dd（4.8，7.2）	22	13.9 q	1.09 t（7.2）
10	43.3 d	1.79 m	14-OMe	57.8 q	3.40 s
11	49.2 s		16-OMe	56.4 q	3.35 s

注：溶剂 CDCl$_3$；^{13}C NMR：100 MHz；^{1}H NMR：400 MHz

化合物名称：lineariline

分子式：$C_{24}H_{39}NO_8$　　　　　　　　**分子量**（$M+1$）：470

植物来源：*Delphinium linearilobum*

参考文献：Kolak U，Ozturk M，Ozgokce F，et al. 2006. Norditerpene alkaloids from *Delphinium linearilobum* and antioxidant activity. Phytochemistry，67（19）：2170-2175.

lineariline 的 NMR 数据

位置	δ_C/ppm	δ_H/ppm（J/Hz）	位置	δ_C/ppm	δ_H/ppm（J/Hz）
1	84.7 d	3.24 dd（10.5，6.8）	13	43.6 d	2.28 m
2	29.9 t	2.34 m 1.88 m	14	84.7 d	3.56 t（4.8）
3	37.7 t	1.92 m 1.62 m	15	33.8 t	2.54 m
4	70.8 s		16	83.1 d	3.35 dd（10.0，4.6）
5	44.2 d	2.40 s	17	66.4 d	2.96 s
6	90.6 d	3.97 s	19	57.5 t	2.80 d（12.0） 3.50 d（12.0）
7	110.0 s		21	49.6 t	2.88 m 2.60 m
8	78.8 s		22	14.2 q	1.05 t（4.5）
9	45.3 d	2.20 br t（6.3）	1-OMe	56.6 q	3.27 s
10	37.9 d	1.85 m	6-OMe	59.3 q	3.29 s
11	49.4 s		14-OMe	57.9 q	3.29 s
12	30.8 t	1.95 m 1.65 m	16-OMe	57.6 q	3.35 s

注：溶剂 CDCl$_3$；^{13}C NMR：125 MHz；^{1}H NMR：500 MHz

化合物名称：monticoline

分子式：$C_{22}H_{33}NO_6$ 分子量（$M+1$）：408

植物来源：*Aconitum monticola*   山地乌头

参考文献：Ametova E F，Yunusov M S，Bannikova V E，et al. 1981. Structures of montticamine and monticoline. Khimiya Prirodnykh Soedinenii，17（4）：345-348.

monticoline 的 NMR 数据

位置	δ_C/ppm	δ_H/ppm（J/Hz）	位置	δ_C/ppm	δ_H/ppm（J/Hz）
1	77.3 d		12	30.5 t	
2	31.8 t		13	42.0 d	
3	58.0 d		14	84.6 d	
4	59.5 s		15	36.0 t	
5	45.7 d		16	82.5 d	
6	34.2 t		17	65.7 d	
7	86.6 s		19	53.2 t	
8	76.9 s		21	50.0 t	
9	46.6 d		22	14.1 q	
10	37.1 d		14-OMe	57.6 q	
11	54.4 s		16-OMe	56.2 q	

注：溶剂 CDCl_3

化合物名称：puberanine

分子式：$C_{32}H_{44}N_2O_9$ 分子量（$M+1$）：601

植物来源：*Aconitum barbatum* var. *puberulum* 牛扁

参考文献：Yu D Q，Das B C. 1983. Alkaloids of *Aconitum barbatum*. Planta Medica，49（10）：85-89.

puberanine 的 NMR 数据

位置	δ_C/ppm	δ_H/ppm（J/Hz）	位置	δ_C/ppm	δ_H/ppm（J/Hz）
1	81.4 d	3.1 m	19	55.3 t	3.65 d（12）
2	26.5 t				3.20 d（12）
3	37.0 t		21	48.6 t	
4	84.0 s		22	14.4 q	1.15 t（7）
5	51.1 d		1-OMe	56.3 q	
6	32.5 t		14-OMe	58.0 q	
7	78.0 s		16-OMe	56.3 q	
8	85.5 s		4-OCO	169.2 s	
9	78.4 s		1′	115.7 s	
10	36.8 d		2′	141.2 s	
11	51.4 s		3′	120.2 d	
12	26.0 t		4′	134.6 d	
13	49.8 d		5′	122.5 d	
14	90.1 d	3.50 d（5）	6′	131.3 d	
15	38.4 t		NHAc	169.3 s	
16	82.9 d	3.10 m		25.6 q	2.25 s
17	63.1 d	2.85 s			

注：溶剂 CDCl₃；¹³C NMR：100 MHz；¹H NMR：400 MHz

化合物名称：puberumine A

分子式：$C_{23}H_{37}NO_8$　　　　　　　　分子量（$M+1$）：456

植物来源：*Aconitum barbatum* var. *puberulum*　　牛扁

参考文献：Mu Z Q，Gao H，Huang Z Y，et al. 2012. Puberunine and puberudine，two new C₁₈-diterpenoid alkaloids from *Aconitum barbatum* var. *puberulum*. Organic Letters，14（11）：2758-2761.

puberumine A 的 NMR 数据

位置	δ_C/ppm	δ_H/ppm（J/Hz）	位置	δ_C/ppm	δ_H/ppm（J/Hz）
1	71.7 d	3.57 t（7.6）	12	28.5 t	2.29 dd（14.2，4.4） 1.86 m
2	41.8 t	1.75	13	38.4 d	2.38 dd（7.0，4.4）
		2.49	14	84.1 d	3.64 t（4.4）
3	72.7 d	3.71 dd （10.0，6.1）	15	33.5 t	1.73 2.62 dd（14.8，8.7）
4	72.8 s		16	82.9 d	3.22 t（8.5）
5	53.2 d	1.65 br s	17	63.7 d	2.82 d（1.6）
6	89.5 d	4.25 s	19	52.2 t	3.33 d（9.2） 2.43
7	87.4 s		21	50.2 t	3.04 m 2.86 m
8	78.2 s		22	14.0 q	1.12 t（7.2）
9	43.6 d	2.97 dd（6.9，4.9）	6-OMe	58.3 q	3.43 s
10	44.8 d	1.98 m	14-OMe	57.8 q	3.42 s
11	50.7 s		16-OMe	56.3 q	3.35 s

注：溶剂 CDCl₃；¹³C NMR：100 MHz；¹H NMR：400 MHz

化合物名称： puberumine B

分子式： $C_{23}H_{37}NO_8$ 　　　　　　　　**分子量（$M+1$）：** 456

植物来源： *Aconitum barbatum* var. *puberulum*　牛扁

参考文献： Mu Z Q，Gao H，Huang Z Y，et al. 2012. Puberunine and puberudine，two new C_{18}-diterpenoid alkaloids from *Aconitum barbatum* var. *puberulum*. Organic Letters，14（11）：2758-2761.

puberumine B 的 NMR 数据

位置	δ_C/ppm	δ_H/ppm（J/Hz）	位置	δ_C/ppm	δ_H/ppm（J/Hz）
1	70.9 d	3.64 t（4.1）	13	37.9 d	2.38 dd（6.3，4.2）
2	39.5 t	2.14 m 1.73	14	84.2 d	3.61 t（4.4）
3	71.0 d	3.95 dd（9.2，5.8）	15	33.3 t	2.60 dd（14.7，8.6） 1.71
4	70.0 s		16	82.9 d	3.22 t（8.4）
5	50.5 d	1.89 s	17	64.7 d	2.76
6	90.0 d	4.22 s	19	58.6 t	2.80 2.72
7	87.5 s		21	49.8 t	3.02 m 2.84
8	78.4 s		22	13.4 q	1.07 d（7.2）
9	43.2 d	2.92 br t（5.5）	6-OMe	58.0 q	3.38 s
10	43.7 d	1.95	14-OMe	57.6 q	3.39 s
11	49.8 s		16-OMe	56.2 q	3.33 s
12	29.8 t	1.96，1.67			

注：溶剂 CDCl$_3$；^{13}C NMR：100 MHz；^{1}H NMR：400 MHz

化合物名称：puberumine C

分子式：C$_{23}$H$_{36}$NO$_7$Cl　　　　　　分子量（$M+1$）：473.5

植物来源：*Aconitum barbatum* var. *puberulum*　牛扁

参考文献：Mu Z Q，Gao H，Huang Z Y，et al. 2012. Puberunine and puberudine，two new C$_{18}$-diterpenoid alkaloids from *Aconitum barbatum* var. *puberulum*. Organic Letters，14（11）：2758-2761.

puberumine C 的 NMR 数据

位置	δ_C/ppm	δ_H/ppm（J/Hz）	位置	δ_C/ppm	δ_H/ppm（J/Hz）
1	69.7 d	3.69 t（8.3）	13	38.3 d	2.38 dd（7.1，4.4）
2	40.8 t	1.98 m 2.49	14	84.1 d	3.64 t（4.3）
3	75.0 d	4.07	15	33.7 t	1.75 dd（14.6，7.8）
4	78.0 s				2.60 dd（15.0，8.7）
5	50.3 d	2.50	16	82.8 d	3.21 t（8.4）
6	91.8 d	4.21 s	17	63.6 d	2.89 br s
7	86.9 s		19	57.4 t	3.10 3.10
8	78.1 s		21	50.4 t	3.08 2.90 br s
9	43.5 d	3.05 dd（7.1，5.0）	22	13.9 q	1.12 t（7.2）
10	45.0 d	2.12 m	6-OMe	58.7 q	3.50 s
11	52.5 s		14-OMe	57.8 q	3.43 s
12	28.4 t	1.84 m 2.51	16-OMe	56.3 q	3.35 s

注：溶剂 CDCl$_3$；^{13}C NMR：100 MHz；^{1}H NMR：400 MHz

化合物名称：puberumine D

分子式：$C_{23}H_{35}NO_7$　　　　　　　**分子量**（$M+1$）：438

植物来源：*Aconitum barbatum* var. *puberulum*　牛扁

参考文献：Mu Z Q，Gao H，Huang Z Y，et al. 2012. Puberunine and puberudine，Two new C_{18}-diterpenoid alkaloids from *Aconitum barbatum* var. puberulum. Organic Letters，14（11）：2758-2761.

puberumine D 的 NMR 数据

位置	δ_C/ppm	δ_H/ppm （J/Hz）	位置	δ_C/ppm	δ_H/ppm （J/Hz）
1	70.9 d	3.76 d（4.7）	13	38.4 d	2.40 dd（6.4，4.7）
2	131.2 d	5.80 dd（9.6，4.7）	14	84.4 d	3.65 t（4.5）
3	136.1 d	5.96 d（9.6）	15	33.6 t	1.74 dd（14.2，5.5） 2.64
4	70.2 s		16	82.9 d	3.29
5	56.2 d	1.91 br s	17	64.5 d	2.80 d（1.7）
6	90.2 d	4.12 s	19	56.2 t	2.70 d（11.2） 2.65
7	87.1 s		21	49.8 t	3.06 m 2.88 m
8	78.6 s		22	13.6 q	1.08 t（7.3）
9	43.6 d	2.97 dd（7.0，5.1）	6-OMe	58.1 q	3.41 s
10	44.5 d	2.02 m	14-OMe	57.7 q	3.43 s
11	50.4 s		16-OMe	56.3 q	3.37 s
12	28.9 t	2.14 dd（13.3，3.8） 1.96 m			

注：溶剂 $CDCl_3$

化合物名称：ranaconine

分子式：C$_{23}$H$_{37}$NO$_7$　　　　　　　**分子量（M + 1）**：440

植物来源：*Aconitum ranunculaefolium*

参考文献：Pelletier S W，Mody N V，Sawhney R S . 1979. ^{13}C nuclear magnetic resonance spectra of some C$_{19}$-diterpenoid alkaloids and their derivatives. Canadian Journal of Chemistry，57（13）：1652-1655.

ranaconine 的 NMR 数据

位置	δ_C/ppm	δ_H/ppm（J/Hz）	位置	δ_C/ppm	δ_H/ppm（J/Hz）
1	84.9 d		13	51.1 d	
2	27.1 t		14	90.2 d	
3	36.8 t		15	38.1 t	
4	71.1 s		16	83.0 d	
5	51.1 d		17	63.2 d	
6	32.4 t		19	56.8 t	
7	78.0 s		21	50.0 t	
8	86.5 s		22	14.5 q	
9	78.7 s		1-OMe	56.3 q	
10	37.5 d		14-OMe	57.9 q	
11	51.4 s		16-OMe	56.3 q	
12	26.3 t				

注：溶剂 CDCl$_3$

化合物名称：ranaconitine

分子式：$C_{32}H_{44}N_2O_9$　　　　　　　　**分子量（$M+1$）**：601

植物来源：*Aconitum ranunculaefolium*

参考文献：Pelletier S W，Mody N V，Venkov A P，et al. 1978. The structure of ranaconitine，a new diterpenoid alkaloid of *Aconitum ranunculaefolium*. Tetrahedron Letters，19（50）：5045-5046.

ranaconitine 的 NMR 数据

位置	δ_C/ppm	δ_H/ppm（J/Hz）	位置	δ_C/ppm	δ_H/ppm（J/Hz）
1	83.5 d		19	55.2 t	
2	26.5 t		21	48.7 t	
3	31.6 t		22	14.4 q	1.13 t
4	84.4 s		1-OMe	56.3 q	3.28 s
5	51.1 d		14-OMe	58.0 q	3.33 s
6	32.5 t		16-OMe	56.3 q	3.43 s
7	77.9 s		4-OCO	167.7 s	
8	85.7 s		1′	115.9 s	
9	78.4 s		2′	141.8 s	
10	36.6 d		3′	120.4 d	7.13
11	51.4 s		4′	134.6 d	7.53
12	25.9 t		5′	122.6 d	7.95
13	49.8 d		6′	131.3 d	8.68
14	90.0 d		NHAc	169.5 s	
15	37.8 t			25.6 q	2.24 s
16	82.9 d		NH		11.07 s
17	63.1 d				

注：溶剂 $CDCl_3$

化合物名称：sinaconitine A

分子式：C$_{32}$H$_{42}$N$_2$O$_{10}$　　　　　　　　分子量（$M+1$）：615

植物来源：*Aconitum sinomontanum* NaKai　高乌头

参考文献：Tan J J，Tan C H，Ruan B Q，et al. 2006. Two new 18-carbon norditerpenoid alkaloids from *Aconitum sinomontanum*. Journal of Asian Natural Products Research，8（6）：535-539.

sinaconitine A 的 NMR 数据

位置	δ_C/ppm	δ_H/ppm （J/Hz）	位置	δ_C/ppm	δ_H/ppm （J/Hz）
1	81.2 d	3.10 dd（9.0，8.2）	16	82.9 d	3.22 m
2	26.4 t	1.55 m	17	60.5 d	3.72 s
		2.25 m	19	47.9 t	4.88 d（14.4）
3	31.2 t	2.55 m			3.33 d（14.4）
		1.84 m	21	171.0 s	
4	82.8 s		22	22.6 q	2.15 s
5	47.6 d	2.51 d（7.4）	1-OMe	55.9 q	3.24 s
6	32.6 t	1.59 d（15.1）	14-OMe	58.1 q	3.43 s
		3.16 dd（7.4，15.1）	16-OMe	56.4 q	3.32 s
7	82.2 s		4-OCO	167.2 s	
8	77.7 s		1′	115.3 s	
9	78.4 s		2′	141.9 s	
10	49.6 d	2.18 m	3′	120.4 d	8.66 d（8.5）
11	50.8 s		4′	134.7 d	7.49 dd（7.5，8.5）
12	25.4 t	2.47 m	5′	122.4 d	7.01 dd（7.5，7.8）
		1.99 m			
13	37.1 d	2.41 m	6′	131.0 d	7.90 d（7.8）
14	89.9 d	3.50 d（4.3）	NHAc	169.3 s	
15	37.7 t	3.04 dd（8.4，15.1）		25.6 q	2.20 s
		1.80 dd（7.8，15.1）	NH		11.0 br s

注：溶剂 CDCl$_3$；^{13}C NMR：125 MHz；^{1}H NMR：500 MHz

化合物名称：sinomontanine D

分子式：$C_{22}H_{35}NO_8$　　　　　　　　**分子量**（$M+1$）：442

植物来源：*Aconitum sinomontanum* NaKai　高乌头

参考文献：彭崇胜，王锋鹏，王建忠，等. 2000. 两个新的双去甲二萜生物碱高乌宁碱丁和高乌宁碱戊的结构研究. 药学学报，35（3）：201-203.

sinomontanine D 的 NMR 数据

位置	δ_C/ppm	δ_H/ppm（J/Hz）	位置	δ_C/ppm	δ_H/ppm（J/Hz）
1	70.2 d	3.65 t（8.0）	12	25.5 t	2.05 m 2.42（4.4，10.8）
2	40.9 t	1.98 m 2.36 m	13	36.7 d	2.39 m
3	74.4 d	4.05 t（3.5）	14	90.1 d	3.48 d（4.6）
4	79.4 s		15	38.5 t	1.72 dd（8.0，14.0）
5	44.5 d	2.61 d（8.0）			2.99（hidden）
6	34.5 t	1.68 dd（7.5，14.8）	16	82.2 d	3.28 d（8.0）
		3.15 dd（8.0，15.2）	17	62.5 d	2.78 s
7	84.4 s		19	56.6 t	2.97 d（hidden） 3.26 d（8.0）
8	78.2 s		21	50.2 t	2.93 m 3.03 m
9	77.6 s		22	14.1 q	1.09 t（7.2）
10	48.8 d	2.09 dd（4.4，12.4）	14-OMe	57.9 q	3.39 s
11	52.6 s		16-OMe	56.2 q	3.31 s

注：溶剂 $CDCl_3$

化合物名称：sinomontanine F

分子式：$C_{30}H_{40}N_2O_9$　　　　　　　**分子量**（$M+1$）：573

植物来源：*Aconitum sinomontanum* NaKai　高乌头

参考文献：彭崇胜，陈东林，陈巧鸿，等. 2005. 高乌头根中新的二萜生物碱. 有机化学，25（10）：1235-1239.

sinomontanine F 的 NMR 数据

位置	δ_C/ppm	δ_H/ppm（J/Hz）	位置	δ_C/ppm	δ_H/ppm（J/Hz）
1	82.5 d		16	82.1 d	
2	24.9 t		17	58.0 d	
3	30.3 t		19	50.8 t	
4	80.9 s		1-OMe	56.1 q	
5	45.4 d		14-OMe	57.9 q	
6	32.3 t		16-OMe	55.9 q	
7	83.1 s		4-OCO	167.3 s	
8	77.6 s		1′	115.3 s	
9	78.0 s		2′	141.6 s	
10	48.5 d		3′	120.2 d	7.91 d（8.0）
11	51.9 s		4′	134.5 d	7.52 t（8.0）
12	26.1 t		5′	122.3 d	7.04 t（8.0）
13	37.0 d		6′	130.9 d	8.67 d（8.0）
14	89.8 d		NHAc	169.0 s	
15	36.9 t			25.5 q	2.23 s

注：溶剂 CDCl₃；¹³C NMR：50 MHz；¹H NMR：200 MHz

化合物名称：sinomontanine G

分子式：$C_{22}H_{33}NO_7$　　　　　　　**分子量**（$M+1$）：424

植物来源：*Aconitum sinomontanum* NaKai　高乌头

参考文献：彭崇胜，陈东林，陈巧鸿，等. 2005. 高乌头根中新的二萜生物碱. 有机化学，25（10）：1235-1239.

sinomontanine G 的 NMR 数据

位置	δ_C/ppm	δ_H/ppm（J/Hz）	位置	δ_C/ppm	δ_H/ppm（J/Hz）
1	77.7 d	3.92 br s	12	27.5 t	
2	32.7 t		13	36.4 d	
3	57.9 d	3.72 d（9.4）	14	89.8 d	3.48 d（4.6）
4	59.3 s		15	37.9 t	
5	44.5 d		16	82.6 d	
6	32.6 t		17	65.6 d	
7	86.3 s		19	53.6 t	
8	77.3 s		21	50.0 t	
9	78.3 s		22	14.0 q	1.10 t（7.2）
10	47.2 d		14-OMe	57.8 q	
11	54.1 s		16-OMe	56.2 q	

注：溶剂 $CDCl_3$；^{13}C NMR：50 MHz；^{1}H NMR：200 MHz

化合物名称：sinomontanine H

分子式：$C_{32}H_{44}N_2O_9$　　　　　　**分子量**（$M+1$）：601

植物来源：*Aconitum sinomontanum* NaKai　高乌头

参考文献：彭崇胜，陈东林，陈巧鸿，等. 2005. 高乌头根中新的二萜生物碱. 有机化学，25（10）：1235-1239.

sinomontanine H 的 NMR 数据

位置	δ_C/ppm	δ_H/ppm（J/Hz）	位置	δ_C/ppm	δ_H/ppm（J/Hz）
1	82.8 d		17	64.9 d	
2	26.9 t		19	56.2 t	
3	31.4 t		21	51.0 t	
4	83.4 s		22	14.5 q	1.10 t（7.0）
5	56.2 d		1-OMe	55.9 q	
6	79.8 d	4.56 s	14-OMe	57.7 q	
7	87.6 s		16-OMe	56.1 q	
8	78.4 s		4-OCO	167.4 s	
9	45.3 d		1′	115.3 s	
10	44.2 d		2′	141.5 s	
11	50.5 s		3′	120.3 d	8.05 d（8.0）
12	28.8 t		4′	134.4 d	7.50 t（8.0）
13	37.2 d		5′	122.6 d	7.06 t（8.0）
14	84.1 d	3.73 t（4.8）	6′	131.2 d	8.65 d（8.0）
15	36.6 t		NHAc	169.0 s	
16	82.3 d			25.5 q	2.23 s

注：溶剂 CDCl₃；¹³C NMR：100 MHz；¹H NMR：400 MHz。

化合物名称：sinomontanine I

分子式：$C_{23}H_{37}NO_7$　　　　　　　　分子量（$M+1$）：440

植物来源：*Aconitum sinomontanum* NaKai　高乌头

参考文献：Zhang J，Li Y Z，Cui Y W，et al. 2019. Diterpenoid alkaloids from the roots of *Aconitum sinomontanum* and their evaluation of immunotoxicity. Records Natural Products，13（2）：114-120.

sinomontanine I 的 NMR 数据

位置	δ_C/ppm	δ_H/ppm（J/Hz）	位置	δ_C/ppm	δ_H/ppm（J/Hz）
1	72.7 d	3.64 t（4.1，6.2）	13	38.2 d	2.39 m
2	29.8 t	1.68 m	14	84.7 d	3.61 dd（4.1，4.4）
		1.70 m	15	33.7 t	1.73 m
3	35.0 t	1.83 m			2.60 q（8.6，6.1，8.6）
		2.15 m	16	83.2 d	3.25 m
4	70.4 s		17	65.3 d	2.75 m
5	52.4 d	1.76 br s	19	61.3 t	2.70 m
6	90.3 d	4.12 s	21	50.0 t	2.81 m
7	88.2 s				2.98 m
8	78.7 s		22	13.8 q	1.08 t（7.3）
9	43.6 d	2.92 m	6-OMe	58.3 q	3.36 s
10	43.9 d	1.97 m	14-OMe	57.9 q	3.39 s
11	50.6 s		16-OMe	56.5 q	3.33 s
12	30.7 t	1.62 m			
		2.03 m			

注：溶剂 CDCl$_3$；^{13}C NMR：100 MHz；^{1}H NMR：400 MHz

化合物名称：tiantaishansine

分子式：$C_{22}H_{33}NO_7$　　　　　　　　　**分子量（M＋1）**：424

植物来源：*Delphinium tiantaishanense*　天台山翠雀花

参考文献：Li J，Chen D L，Jian X X，et al. 2007. New diterpenoid alkaloids from the roots of *Delphinium tiantaishanense*. Molecules，12（3）：353-360.

tiantaishansine 的 NMR 数据

位置	δ_C/ppm	δ_H/ppm（J/Hz）	位置	δ_C/ppm	δ_H/ppm（J/Hz）
1	77.7 d	3.90 s	13	40.4 d	2.26 m
2	31.6 t	1.26 m 2.18 m	14	74.3 d	4.03 t（4.4）
3	57.8 d	3.05 m	15	26.7 t	1.97 m 2.59 m
4	58.3 s		16	82.3 d	3.39 s
5	52.2 d	1.56 s	17	67.2 d	2.91 d（1.5）
6	79.8 d	4.82 s	19	54.3 t	2.49ABq（hidden）
7	91.3 s				3.36ABq（hidden）
8	84.4 s		21	49.9 t	2.98 m 3.39 m
9	43.0 d	3.12 t（5.6）	22	13.9 q	1.07 t（7.2）
10	43.5 d	2.12 m	1-OMe	51.7 q	3.51 s
11	54.0 s		16-OMe	56.4 q	3.41 s
12	29.5 t	1.58 m 2.12 m			

注：溶剂 CDCl₃；¹³C NMR：100 MHz；¹H NMR：400 MHz

化合物名称：tuguaconitine

分子式：$C_{23}H_{35}NO_7$ 分子量（$M+1$）：438

植物来源：*Aconitum kirinense* Nakai 吉林乌头

参考文献：Teshebaeva U T，Sultankhodzhaev M N，Nishanov A A. 1999. Alkaloids of *Aconitum kirinense* the structure of akiramine. Chemistry of Natural Compounds，35（4）：445-447.

tuguaconitine 的 NMR 数据

位置	δ_C/ppm	δ_H/ppm（J/Hz）	位置	δ_C/ppm	δ_H/ppm（J/Hz）
1	77.4 d	3.19 dd（8.4）	13	37.4 d	2.37 m
2	31.1 t	2.15 m 1.12 m	14	83.8 d	3.58 dd（8.4，4.0）
3	58.1 d	3.05 m	15	32.9 t	1.72 dd（14.6，8.2） 2.58 dd（14.6，8.2）
4	58.2 s		16	82.4 d	2.85 m
5	48.2 d	1.35 d（7.0）	17	66.6 d	3.89 s
6	89.9 d	4.34 s	19	53.8 t	2.55 d（7.2） 3.40 d
7	89.0 s		21	49.5 t	3.00 m
8	78.1 s		22	13.5 q	1.03 t（7.2）
9	42.8 d	2.82 dd（8.4，5.6）	6-OMe	58.3 q	
10	42.2 d	1.90 m	14-OMe	57.3 q	
11	53.4 s		16-OMe	55.9 q	
12	30.3 t	2.03 dd（14.0，7.2） 1.54 dd（14.0，7.2）			

注：溶剂 CDCl₃

化合物名称：umbrophine

分子式：$C_{23}H_{37}NO_6$　　　　　　**分子量（$M+1$）**：424

植物来源：*Aconitum umbrosum*（Korsh.）Kom　草地乌头

参考文献：Tel'nov V A. 1993. Umbrophine and 6-acetylumbrophine，new C₁₈-diterpene alkaloids from *Aconitum umbrosum*. Chemistry of Natural Compounds，29（1）：73-77.

umbrophine 的 NMR 数据

位置	δ_C/ppm	δ_H/ppm（J/Hz）	位置	δ_C/ppm	δ_H/ppm（J/Hz）
1	86.1 d		13	45.9 d	
2	26.3 t		14	84.8 d	
3	30.8 t		15	35.2 t	
4	36.4 d		16	82.5 d	
5	46.2 d		17	63.2 d	
6	80.3 d		19	50.3 t	
7	89.7 s		21	49.7 t	
8	76.4 s		22	13.6 q	
9	47.5 d		1-OMe	56.1 q	
10	37.8 d		14-OMe	57.9 q	
11	48.7 s		16-OMe	56.3 q	
12	29.3 t				

注：溶剂 CDCl₃

化合物名称：vaginatunine C

分子式：$C_{24}H_{39}NO_6$ **分子量（$M+1$）**：438

植物来源：*Aconitum scaposum* var. *vaginatum* 聚叶花葶乌头

参考文献：Li J，Chang H，Zhao W Y，et al. 1993. New alkaloids from *Aconitum vaginatum*. 1993. Helvetica Chimica Acta，29（1）：73-77.

vaginatunine C 的 NMR 数据

位置	δ_C/ppm	δ_H/ppm（J/Hz）	位置	δ_C/ppm	δ_H/ppm（J/Hz）
1	72.0 d	3.30 t（8.4）	13	37.6 d	2.36～2.40 m
2	29.3 t	1.80～1.83 m	14	84.5 d	3.64 t（4.8）
		2.31～2.35 m	15	33.5 t	1.96～1.99 m
3	30.5 t	1.48～1.51 m			2.06～2.09 m
		2.02～2.05 m	16	82.9 d	3.38～3.41 m
4	37.5 d	2.38～2.41 m	17	66.0 d	2.90～2.92 m
5	44.9 d	1.88 d（1.6）	19	57.2 t	3.06～3.09 m
6	90.4 d	4.01 br s			2.90～2.94 m
7	87.7 s		21	50.8 t	2.78～2.81 m
8	78.5 s		22	13.5 q	1.10 t（7.6）
9	43.3 d	2.61 dd（4.8, 6.6）	6-OMe	57.2 q	3.37 s
10	43.8 d	2.37～2.40 m	8-OMe	56.3 q	3.34 s
11	49.3 s		14-OMe	57.3 q	3.42 s
12	27.2 t	1.45～1.47 m	16-OMe	59.1 q	3.36 s
		1.82～1.85 m			

注：溶剂 CDCl₃；¹³C NMR：100 MHz；¹H NMR：400 MHz

2.3 新骨架化合物

化合物名称：puberudine

分子式：$C_{23}H_{35}NO_7$　　　　　　分子量（$M+1$）：438

植物来源：*Aconitum barbatum* var. *puberulum*　牛扁

参考文献：Mu Z Q，Gao H，Huang Z Y，et al. 2012. Puberunine and puberudine，two new C₁₈-diterpenoid alkaloids from *Aconitum barbatum* var. *puberulum*. Organic Letters，14（11）：2758-2761.

puberudine 的 NMR 数据

位置	δ_C/ppm	δ_H/ppm（J/Hz）	位置	δ_C/ppm	δ_H/ppm（J/Hz）
1	207.4 s	9.88 s	13	38.4 d	2.29
2	116.2 t	5.33 d（17.5）	14	83.6 d	3.58 t（4.4）
		5.19 d（10.7）	15	33.3 t	2.64 dd（14.7，8.5）
3	144.1 d	5.79 dd（17.4，10.6）			1.75 m
4	71.4 s		16	83.0 d	3.13
5	58.1 d	2.28	17	63.3 d	2.87
6	89.9 d	4.46 s	19	54.6 t	3.15
7	87.7 s				2.85
8	78.3 s		21	50.5 t	2.99 m
9	43.3 d	3.04 m			2.92 m
10	39.4 d	2.43 m	22	13.9 q	1.12 t（7.2）
11	58.2 s		6-OMe	58.2 q	3.43 s
12	31.9 t	0.83 dd（14.5，4.8）	14-OMe	57.8 q	3.40 s
		1.82	16-OMe	56.3 q	3.33 s

注：溶剂 CDCl₃；¹³C NMR：100 MHz；¹H NMR：400 MHz

化合物名称：puberunine

分子式：$C_{23}H_{35}NO_7$　　　　　　　分子量（$M+1$）：438

植物来源：*Aconitum barbatum* var. *puberulum*　牛扁

参考文献：Mu Z Q，Gao H，Huang Z Y，et al. 2012. Puberunine and puberudine，two new C_{18}-diterpenoid alkaloids from *Aconitum barbatum* var. *puberulum*. Organic Letters，14（11）：2758-2761.

puberunine 的 NMR 数据

位置	δ_C/ppm	δ_H/ppm（J/Hz）	位置	δ_C/ppm	δ_H/ppm（J/Hz）
1	69.5 d	3.67 br d（8.1）	13	39.0 d	2.45 dd（7.5，4.4）
2	39.3 t	2.53 m	14	83.6 d	3.70 t（4.6）
		2.03 dt（15.4，1.7）	15	34.3 t	1.75 br dd（14.3，7.9）
3	48.8 d	2.65			2.70 dd（15.2，8.9）
4	213.7 s		16	83.1 d	3.23
5	60.8 d	2.35 m	17	65.4 d	3.00 br s
6	92.9 d	4.14 d（4.1）	19	51.2 t	3.25
7	87.7 s				3.07 dd（13.7，7.1）
8	79.2 s		21	50.4 t	3.21 m
9	44.2 d	2.63			2.96 m
10	48.0 d	2.10 m	22	14.5 q	1.19 t（7.2）
11	53.0 s		6-OMe	59.3 q	3.50 s
12	28.0 t	2.27 dd（15.0，4.8）	14-OMe	57.9 q	3.43 s
		1.92 m	16-OMe	56.3 q	3.37 s

注：溶剂 $CDCl_3$；^{13}C NMR：100 MHz；^1H NMR：400 MHz

化合物名称：sinomontadine

分子式：$C_{23}H_{35}NO_7$　　　　　　分子量（$M+1$）：438

植物来源：*Aconitum sinomontanum* NaKai　高乌头

参考文献：Zhang Q，Tan J J，Chen X Q，et al. 2017. Two novel C₁₈-diterpenoid alkaloids，sinomontadine with an unprecedented seven-membered ring A and chloride-containing sinomontanine N from *Aconitum sinomontanum*. Tetrahedron Letters，58（18）：1717-1720.

sinomontadine 的 NMR 数据

位置	δ_C/ppm	δ_H/ppm（J/Hz）	位置	δ_C/ppm	δ_H/ppm（J/Hz）
1	84.6 d	3.23（overlapped）	12	24.5 t	2.20 m
2	23.1 t	1.29 m			1.96 m
		1.93 m	13	37.5 d	2.43 dd（7.4，4.7）
3	20.1 t	2.06 m	14	89.8 d	3.47 d（4.7）
		1.37 m	15	37.1 t	3.02 dd（14.8，8.5）
4	209.6 s				1.91 dd（14.8，8.2）
5	54.3 d	2.54 dd（9.5，2.0）	16	82.7 d	3.28 t（8.3）
6	35.5 t	1.05 dd（15.5，2.0）	17	64.1 d	2.59 s
		3.36 dd（15.5，9.5）	19	63.9 d	3.79 d（5.7）
7	81.9 s		21	46.8 t	2.84 q（7.2）
8	76.9 s		22	14.8 q	1.12 t（7.2）
9	78.1 s		1-OMe	55.2 q	3.23 s
10	48.6 d	2.21 m	14-OMe	58.3 q	3.43 s
11	52.4 s		16-OMe	56.3 q	3.33 s

注：溶剂 CDCl₃；¹³C NMR：100 MHz；¹H NMR：400 MHz

　　少数二萜生物碱在文献中仅有相关结构，暂未见有关其核磁数据的报道。现将该部分化合物整理如下。

高乌宁碱型（lappaconines，A1）

　　化合物名称： 6-ketoartekorine

　　分子式： $C_{32}H_{42}N_2O_8$　　　　　**分子量（$M+1$）：** 583

　　植物来源： *Artemisia korshinskyi*

　　参考文献： Sham'yanov I D，Tashkhodzhaev B，Mukhamatkhanova R F，et al. 2012. Sesquiterpene lactones and new diterpenoid alkaloids from *Artemisia korshinskyi*. Chemistry of Natural Compounds，48（4）：616-621.

　　化合物名称： 8-deoxy-14-dehydroaconosine

　　分子式： $C_{22}H_{33}NO_3$　　　　　**分子量（$M+1$）：** 360

　　植物来源： *Aconitum stapfianum* Hand-Mazz　　玉龙乌头

　　参考文献： 陈迪华，宋维良. 1984. 玉龙乌头的生物碱成分. 药学通报，19（6）：49-50.

　　化合物名称： akiradine

　　分子式： $C_{24}H_{35}NO_7$　　　　　**分子量（$M+1$）：** 450

植物来源： *Aconitum kirinense* Nakai　吉林乌头

参考文献： Teshebaeva U T，Sultankhodzhaev M N，Nishanov A A. 1999. Alkaloids of *Aconitum kirinense*. Structure of akiramidine. Chemistry of Natural Compounds，35（6）：659-660.

化合物名称： akiramidine

分子式： C$_{23}$H$_{37}$NO$_6$　　　　　　**分子量（$M+1$）：** 424

植物来源： *Aconitum kirinense* Nakai　吉林乌头

参考文献： Teshebaeva U T，Sultankhodzhaev M N，Nishanov A A. 1999. Alkaloids of *Aconitum kirinense*. Structure of akiramidine. Chemistry of Natural Compounds，35（6）：659-660.

化合物名称： akiranine

分子式： C$_{24}$H$_{39}$NO$_6$　　　　　　**分子量（$M+1$）：** 438

植物来源： *Aconitum kirinense* Nakai　吉林乌头

参考文献： Sultankhodzhaev M N，Boronova M N，Nishanov A A. 1998. 1997. Akiranine-a new alkaloid from *Aconitum kirinense*. Chemistry of Natural Compounds，33（6）：700-701.

化合物名称：artekorine

分子式：$C_{32}H_{44}N_2O_8$　　　　　　　　**分子量（M+1）**：585

植物来源：*Artemisia korshinskyi*

参考文献：Sham'yanov I D，Tashkhodzhaev B，Mukhamatkhanova R F，et al. 2012. Sesquiterpene lactones and new diterpenoid alkaloids from *Artemisia korshinskyi*. Chemistry of Natural Compounds，48（4）：616-621.

化合物名称：dihydromonticamine

分子式：$C_{22}H_{35}NO_5$　　　　　　　　**分子量（M+1）**：394

植物来源：*Aconitum monticola*　　山地乌头

参考文献：Ametova E F，Yunusov M S，Tel'nov V A. 1982. Deoxydelsoline and dihydromonticamine from *Aconitum monticola*. Chemistry of Natural Compounds，18（4）：504-507.，18（4）：472-474.

化合物名称：kirimine

分子式：$C_{26}H_{41}NO_7$　　　　　　　　**分子量（M+1）**：480

植物来源：*Aconitum kirinense* Nakai　　吉林乌头

参考文献：冯锋，刘静涵. 1994. 吉林乌头生物碱成分研究. 中国药科大学学报，25（5）：319-320.

化合物名称：septefine

分子式：$C_{31}H_{44}N_2O_7$　　　　　　　分子量（$M+1$）：557

植物来源：*Aconitum septentrionale* Koelle

参考文献：Usmanova S K，Bessonova I A，Mil′grom E G. 1996. Septerine and septefine-new alkaloids of *Aconitum septentrionale*. Chemistry of Natural Compounds，32（2）：198-200.

冉乌宁碱型（ranaconines，A2）

化合物名称：delbine

分子式：$C_{22}H_{35}NO_7$　　　　　　　分子量（$M+1$）：426

植物来源：*Delphinium bonvalotii* Franch　　川黔翠雀花

参考文献：Jiang Q P，Sung W L. 1985. The structures of four new diterpenoid alkaloids from *Delphinium bonvalotii* Franch. Heterocycles，23（1）：11-15.

化合物名称：*N*-deacetylfinaconitine

分子式：$C_{30}H_{42}N_2O_9$　　　　　　　分子量（$M+1$）：575

植物来源：*Aconitum finetianum* Hand-Mazz　　赣皖乌头

参考文献：蒋山好，朱元龙，赵志扬，等. 1983. 中国乌头之研究——XXI. 赣皖乌头的研究. 药学学报，18（6）：440-445.

化合物名称： *N*-deacetylranaconitine

分子式： $C_{30}H_{42}N_2O_8$　　　　　　　**分子量（$M+1$）：** 559

植物来源： *Aconitum finetianum* Hand-Mazz　赣皖乌头

参考文献： 蒋山好，朱元龙，赵志扬，等. 1983. 中国乌头之研究——XXI. 赣皖乌头的研究.药学学报，18（6）：440-445.

附　　录

化合物名称	分子式	分子量（$M+1$）	骨架类型*	页码
14-demethyltuguaconitine	$C_{22}H_{33}NO_7$	424	A2	80
14-*O*-demethyldelboxine	$C_{23}H_{35}NO_7$	438	A2	81
1α, 6, 16-三甲氧基-4, 7, 8, 9, 14α-五羟基-*N*-乙基乌头烷	$C_{23}H_{37}NO_8$	456	A2	76
4-anthranoyllapaconidine	$C_{29}H_{40}N_2O_7$	529	A1	31
6-*O*-acetylacosepticine	$C_{25}H_{39}NO_7$	466	A2	79
6-acetylumbrofine	$C_{25}H_{39}NO_7$	466	A2	77
6-ketoartekorine	$C_{32}H_{42}N_2O_8$	583	A1	129
6-methylumbrofine	$C_{24}H_{39}NO_6$	438	A2	78
8-acetyldolaconine	$C_{26}H_{39}NO_6$	462	A1	32
8-acetylexcelsine	$C_{24}H_{35}NO_7$	450	A1	33
8-deoxy-14-dehydroaconosine	$C_{22}H_{33}NO_3$	360	A1	129
aconosine	$C_{22}H_{35}NO_4$	378	A1	34
acoseptrine	$C_{23}H_{37}NO_7$	440	A2	82
acotoxicine	$C_{22}H_{35}NO_5$	394	A1	35
akiradine	$C_{24}H_{35}NO_7$	450	A1	129
akiramidine	$C_{23}H_{37}NO_6$	424	A1	130
akiramine	$C_{25}H_{39}NO_7$	466	A1	36
akirane	$C_{26}H_{41}NO_7$	480	A1	37
akiranine	$C_{24}H_{39}NO_6$	438	A1	130
akirine	$C_{22}H_{31}NO_6$	406	A1	38
anthriscifolcine A	$C_{26}H_{39}NO_7$	478	A2	83
anthriscifolcine B	$C_{24}H_{37}NO_6$	436	A2	84
anthriscifolcine C	$C_{25}H_{37}NO_8$	480	A2	85
anthriscifolcine D	$C_{26}H_{39}NO_8$	494	A2	86
anthriscifolcine E	$C_{24}H_{37}NO_7$	452	A2	87
anthriscifolcine F	$C_{25}H_{37}NO_8$	480	A2	88
anthriscifolcine G	$C_{25}H_{37}NO_7$	464	A2	89
anthriscifolcone A	$C_{27}H_{39}NO_8$	506	A2	90
anthriscifolcone B	$C_{23}H_{33}NO_7$	436	A2	91

化合物名称	分子式	分子量（$M+1$）	骨架类型*	页码
anthriscifoltine C	$C_{29}H_{43}NO_9$	550	A2	92
anthriscifoltine D	$C_{32}H_{41}NO_9$	584	A2	93
anthriscifoltine E	$C_{25}H_{35}NO_8$	478	A2	94
anthriscifoltine F	$C_{23}H_{33}NO_7$	436	A2	95
anthriscifoltine G	$C_{23}H_{31}NO_7$	434	A2	96
artekorine	$C_{32}H_{44}N_2O_8$	585	A1	131
contortumine	$C_{30}H_{41}NO_7$	528	A1	39
delavaconine	$C_{22}H_{35}NO_5$	394	A1	40
delavaconitine	$C_{29}H_{39}NO_6$	498	A1	41
delavaconitine C	$C_{29}H_{39}NO_5$	482	A1	42
delavaconitine D	$C_{31}H_{41}NO_6$	524	A1	43
delavaconitine E	$C_{31}H_{41}NO_7$	540	A1	44
delavaconitine F	$C_{24}H_{37}NO_6$	436	A1	45
delavaconitine G	$C_{31}H_{37}NO_8$	552	A1	46
delbine	$C_{22}H_{35}NO_7$	426	A2	132
delboxine	$C_{24}H_{37}NO_7$	452	A2	97
delphicrispuline	$C_{30}H_{42}N_2O_6$	527	A1	47
demethyllappaconitine	$C_{31}H_{42}N_2O_8$	571	A1	48
deoxylappaconitine	$C_{32}H_{44}N_2O_7$	569	A1	49
dihydromonticamine	$C_{22}H_{35}NO_5$	394	A1	131
dolaconine	$C_{24}H_{37}NO_5$	420	A1	50
episcopalisine	$C_{29}H_{39}NO_6$	498	A1	51
episcopalisinine	$C_{22}H_{35}NO_5$	394	A1	52
episcopalitine	$C_{24}H_{37}NO_5$	420	A1	53
excelsine	$C_{22}H_{33}NO_6$	408	A1	54
finaconitine	$C_{32}H_{44}N_2O_{10}$	617	A2	98
hispaconitine	$C_{26}H_{41}NO_8$	496	A2	99
hohenackeridine	$C_{22}H_{31}NO_7$	422	A2	100
isolappaconitine	$C_{32}H_{44}N_2O_8$	585	A2	101
kirimine	$C_{26}H_{41}NO_7$	480	A1	131
kirinenine A	$C_{26}H_{41}NO_8$	496	A2	102
kiritine	$C_{23}H_{35}NO_6$	422	A1	55
lamarckinine	$C_{22}H_{33}NO_6$	408	A2	103
lappaconidine	$C_{22}H_{35}NO_6$	410	A1	56

化合物名称	分子式	分子量（$M+1$）	骨架类型*	页码
lappaconine	$C_{23}H_{37}NO_6$	424	A1	57
lappaconitine	$C_{32}H_{44}N_2O_8$	585	A1	58
leuconine	$C_{23}H_{35}NO_5$	406	A2	104
leucostine	$C_{23}H_{35}NO_6$	422	A2	105
leucostonine	$C_{22}H_{35}NO_5$	394	A2	106
liconosine A	$C_{20}H_{29}NO_4$	348	A1	59
lineariline	$C_{24}H_{39}NO_8$	470	A2	107
monticamine	$C_{22}H_{33}NO_5$	392	A1	60
monticoline	$C_{22}H_{33}NO_6$	408	A2	108
N-acetylsepaconitine	$C_{32}H_{44}N_2O_9$	601	A1	61
N-deacetylfinaconitine	$C_{30}H_{42}N_2O_9$	575	A2	132
N-deacetyllappaconitine	$C_{30}H_{42}N_2O_7$	543	A1	62
N-deacetylranaconitine	$C_{30}H_{42}N_2O_8$	559	A2	133
oxolappaconine	$C_{23}H_{35}NO_7$	438	A1	63
piepunendine A	$C_{20}H_{29}NO_5$	364	A1	64
piepunendine B	$C_{30}H_{43}NO_5$	498	A1	65
puberanine	$C_{32}H_{44}N_2O_9$	601	A2	109
puberudine	$C_{23}H_{35}NO_7$	438	新骨架化合物	126
puberumine A	$C_{23}H_{37}NO_8$	456	A2	110
puberumine B	$C_{23}H_{37}NO_8$	456	A2	111
puberumine C	$C_{23}H_{36}NO_7Cl$	473.5	A2	112
puberumine D	$C_{23}H_{35}NO_7$	438	A2	113
puberunine	$C_{23}H_{35}NO_7$	438	新骨架化合物	127
ranaconine	$C_{23}H_{37}NO_7$	440	A2	114
ranaconitine	$C_{32}H_{44}N_2O_9$	601	A2	115
scopaline	$C_{21}H_{33}NO_4$	364	A1	66
sepaconitine	$C_{30}H_{42}N_2O_8$	559	A1	67
septefine	$C_{31}H_{44}N_2O_7$	557	A1	132
sinaconitine A	$C_{32}H_{42}N_2O_{10}$	615	A2	116
sinaconitine B	$C_{32}H_{42}N_2O_9$	599	A1	68
sinomontadine	$C_{23}H_{35}NO_7$	438	新骨架化合物	128
sinomontanine D	$C_{22}H_{35}NO_8$	442	A2	117
sinomontanine E	$C_{22}H_{35}NO_7$	426	A1	70
sinomontanine F	$C_{30}H_{40}N_2O_9$	573	A2	118

化合物名称	分子式	分子量（$M+1$）	骨架类型[*]	页码
sinomontanine G	$C_{22}H_{33}NO_7$	424	A2	119
sinomontanine H	$C_{32}H_{44}N_2O_9$	601	A2	120
sinomontanine I	$C_{23}H_{37}NO_7$	440	A2	121
sinomontanine N	$C_{22}H_{34}NO_6Cl$	443.5	A1	69
tiantaishansine	$C_{22}H_{33}NO_7$	424	A2	122
tuguaconitine	$C_{23}H_{35}NO_7$	438	A2	123
umbrophine	$C_{23}H_{37}NO_6$	424	A2	124
vaginatunine C	$C_{24}H_{39}NO_6$	438	A2	125
vilmorine D	$C_{31}H_{43}NO_7$	542	A1	71
weisaconitine A	$C_{26}H_{41}NO_5$	448	A1	72
weisaconitine B	$C_{22}H_{35}NO_5$	394	A1	73
weisaconitine C	$C_{22}H_{33}NO_4$	376	A1	74
weisaconitine D	$C_{24}H_{39}NO_4$	406	A1	75

[*] C_{18}-二萜生物碱类型：A1 表示高乌宁碱型；A2 表示冉乌宁碱型。